【美】马丁·加德纳◎著

谈祥柏　谈　欣◎译

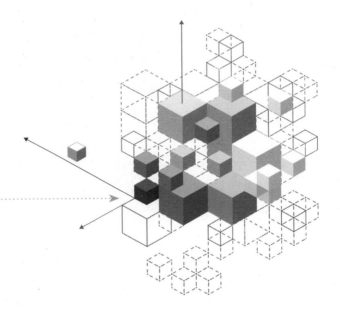

跳棋游戏

Checkers
& Non–Euclidean
Geometry
The Last Recreations

与非欧几何

上海科技教育出版社

图书在版编目(CIP)数据

跳棋游戏与非欧几何/(美)马丁·加德纳著;谈祥柏,谈欣译.—上海:上海科技教育出版社,2020.7
(马丁·加德纳数学游戏全集)
书名原文:The Last Recreations
ISBN 978-7-5428-7244-9

Ⅰ.①跳…　Ⅱ.①马…　②谈…　③谈…
Ⅲ.①数学—普及读物　Ⅳ.①01-49

中国版本图书馆CIP数据核字(2020)第055554号

目　录

序言

　　我的最大乐趣之一是为《科学美国人》杂志撰写专栏文章，这几乎成了我的专利，从1956年12月有关六边形折纸的一篇文章开始，直到1986年5月刊出的最小斯坦纳树，长达30年之久。

　　对我来说，撰写这一专栏是个了不起的学习过程。我毕业于芝加哥大学，主攻哲学，并没有读过数学专业，但我一贯热爱数学，当时没有把它作为专业，时常后悔不已。读者只要对这个专栏早期刊出的文章粗略地瞥上一眼，就不难看出，随着我的数学知识不断长进，后期的文章显得更加成熟得多。令我更难忘怀的是因此而结识了许多真正杰出的数学家，他们慷慨无私地提供了宝贵资料，成为我的终生至交。

　　本书是第15本，也是最后一本集子。同这系列的其他各本书一样，我已尽了最大努力去改正错误，扩展知识，在本书结尾处增添补充材料，追加插图，力求跟上时代步伐，并提供更详尽而充实的、经过郑重选择的参考文献。

马丁·加德纳

第 1 章
小素数的强规律

现在让我们同生养我们的父辈，

在一起赞扬素数；

素数的力量与殊荣与生俱来，

没有东西能生养它们，

不是祖先，不是基因，

无数世代之前的亚当，

自然更不必提。

——海伦·斯波尔丁

小素数的强规律是加拿大卡尔加里大学著名数学家盖伊（Richard Kenneth Guy）的一篇未公开发表论文的富有挑逗性的题目。盖伊曾为《美国数学月刊》编辑过多年"研究问题"栏目。他是为数众多的技术性论文的作者，并曾同康韦和伯莱坎普合编过两卷本的巨著《稳操胜券》，书中收录了许多新颖的数学游戏。下面要讲的材料几乎全部来自盖伊的上述论文。

盖伊起笔写道："我们总是把数学视为明确的一门学科，但在发现领域内，这并非总是真实的图景。数学研究的两个最重要的元素是提出正确的问题与辨别不同的模式。"

不幸的是，并不存在一种可以提供好问题的做法，也无法知晓一种观测到的模式是真的能够导致一个有意义的新定理，还是仅仅只是幸运的巧合。在这些方面，数学家的处境酷肖科学家。他们都在提问题，做实验以及观测各种模式。当进行新的观测时，观测到的模式是否会重复出现，含有新的参数，从而发现一个普遍定律，还是会出现几个反例，产生矛盾、背离假设？说实话，数学家可以做一些科学家干不了的事情，他们可以在形式逻辑范畴内证明定理。但在发现证明之前，数学家仍在依赖脆弱的、容易出错的经验归纳法，同科学家们的行径一模一样。这种现象在涉及数的无限序列的组合问题中尤为常见。

在考查涉及较小数字的一些情况时常会遇到一种突出的模式,它们强烈地暗示着一个普遍有效的定理。正是在这种意义上,盖伊称之为"小数字的强规律"。不过,这一规律时而有效,时而失效。如果这种模式只是一系列偶然巧合(此种情况很常见),那就会使一位数学家浪费大量时间去试图证明一个虚假定理。"强规律"也有可能误导到相反的方面。少数几个反例也许会使数学家过早地放弃对某个定理的探索,而这个定理实际上可能是成立的,只是比预期情况略显复杂。

现代计算机自然能提供巨大的帮助,因为它们常常可以快速地探明涉及庞大数字的情况来否定一个假设或者大大增加某个假设成立的概率。然而,在许多组合问题中,数的增大达到了令人眩晕的程度,以致计算机也只不过比手算多查出几个例子而已,留给数学家们的仍然是一个极难对付的问题。

"小数字的强规律"事例甚多,比比皆是,散见于各本书中。有的导致有意义的定理的发现;有的则领错了路,使研究者盲目寻找不存在的定理;有的诱骗人们走开,不去寻找深藏在那里的定理;有的怂恿人们去搜寻潜藏在该处的定理,但费尽九牛二虎之力也无法加以证明。由于例子太多,下面,我们的注意力将只限于素数的范畴。

素数是比1大,除了1与本身之外没有其他因数的数,例如:2,3,5,7,11,13,17,19,23,29,31,…。它们除了2之外统统都是奇数,至于2,盖伊指出,它享有一切素数中最为"怪异"的名声。正如斯波尔丁赞美诗的第二节所写的:

没有人能够预告它们的到来。

在一切序数中,

它们从不预定座位，

却出人意外地光临。

在基数的序列中，

它们的兴起就像

令人错愕万分的大祭司，

每个人都绝无疑义、

不可思议、毛遂自荐。

　　欧几里得证明素数有无穷多，但数字越大，中间的空缺越多。对素数的幂来说，情况亦然。在小于10的自然数中，除了6以外，每一个自然数都是素数的幂[①]，而在小于100的自然数中，$\frac{1}{3}$ 以上是素数的幂。然而，不能从这些小素数得出结论，认为素数幂的密度有一个下界。当数目增大时，素数的幂越来越稀疏，其密度简直可以达到想怎么小就怎么小。

开始时，一切纷扰停止，

尽头处是寂然不动的0，

它们在前头纷纷兀立，

拥挤得像森林，

可是在中途就变得很稀，

在遥远的，通向无穷的路上，

就像一去不归的扫帚星。

---

　　① 此说法有些语病，正确的应该说是素数的正整数（包括零在内）次幂。另外，作者按照以往老习惯，将自然数序列从1算起，0不认为是自然数。——译者注

　　素数为我们提供了一些十分奇异的模式的例子,它们的出现完全出乎意外,而最终却令人一无所得。考虑以下素数序列:3,31,331,3331,33 331, 333 331,3 333 331,33 333 331。人们自然会猜想这种模式将继续下去,然而下一项333 333 331却失败了。原来,它是一个合数,其素因子为17×19 607 843。其实,在这类模式下同人家打赌肯定不大会输,即认定这类模式不会持续产生素数。菲尔波特(Wade Philpott)与小赖奇(Joe Reitch, Jr)曾检验过这种3333…1模式,从9个3一直到14个3,结果发现所有的6个数全部都是合数。

　　数年前,剑桥大学的一位人类学家福琼(Reo F. Fortune,曾一度同玛格丽特·米德结婚)注意到一个包含小素数的奇异模式。他从2开始,然后取一系列连续素数的乘积,再加1。接着,找出下一个最小素数,用它减去连续素数的乘积。所得结果是否永远是一个素数呢?图1.1给出了这一算法的前8个实例,表明所产生的8个数全都是"福琼素数"①。

$2+1=3$	$5-2=3$
$(2×3)+1=7$	$11-6=5$
$(2×3×5)+1=31$	$37-30=7$
$(2×3×5×7)+1=211$	$223-210=13$
$(2×3×5×7×11)+1=2311$	$2333-2310=23$
$(2×3×\cdots×13)+1=30\ 031$	$30\ 047-30\ 030=17$
$(2×3×\cdots×17)+1=510\ 511$	$510\ 529-510\ 510=19$
$(2×3×\cdots×19)+1=9\ 699\ 691$	$9\ 699\ 713-9\ 699\ 690=23$

图1.1

---

① 一语双关,"福琼(Fortune)"在英语中有"幸运"的意思。——译者注

福琼猜想结果永远是个素数。绝大多数数论学者都相信它是对的,但无法证明。盖伊认为,在可以看得见的未来能找到证明的希望微乎其微。也许有一天,本专栏的某位读者会发现一个幸运的"福琼"小甜饼而把福琼猜想彻底否定掉。注意,在图1.1左面,等号右边的前5个数3,7,31,211,2311都是素数。是否永远都是这样呢?接下去3个数就都不是了。坦普勒(Mark Templer)在《试论$k!+1$与$2 \cdot 3 \cdot 5 \cdots p+1$的素性》(《计算数学》杂志第34卷,第149期,303—304页;1980年1月)中业已证明,在$2 \cdot 3 \cdot 5 \cdots p+1$中,前5个$p$值,还有$p=31$,$p=379$,$p=1019$,$p=1021$,得出的都是素数,除此之外,在1032以下,再也没有其他的p值能得出素数了,(本文在《科学美国人》杂志上刊出后,我曾收到过读者克兰德尔(R. E. Crandall)的来信,他在素数表中加入了2657,并指出,在小于3000的p值中,再也没有别的值是素数了)。

　　另一个尚未得到证明的奇特假设,名叫吉尔布雷思猜想,它因吉尔布雷思(Norman L. Gilbreath)而得名,其人是一位美国数学家和业余魔术师,在1958年提出了该猜想。先写下几个连续的素数,在第一行写出各个相邻素数之差。然后继续求差,并在第二行写出第一行相邻两数之差的绝对值。这样一直继续下去,直到你兴味索然为止。在图1.2中,我们对前24个素数写下了9行差数。请注意,每一行的首数统统是1。是不是每行永远都是1打头呢?吉尔布雷思猜想事实必然如此。此事已被基尔格罗夫(Ray B. Kill-grove)与罗尔斯顿(Ken E. Ralston)所证实,他们一直算到第63 419个素数(见《数学用表与其他计算助手》第13卷,第66期,121—122页;1959年4月)。

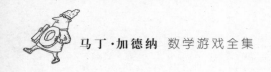

2 3 5 7 11 13 17 19 23 29 31 37 41 43 47 53 59 61 67 71 73 79 83 89

1 2 2 4 2 4 2 4 6 2 6 4 2 4 6 6 2 6 4 2 6 4 6

1 0 2 2 2 2 2 4 4 2 2 2 2 0 4 4 2 2 4 2 2

1 2 0 0 0 0 2 0 2 0 0 0 2 4 0 2 0 2 2 0

1 2 0 0 0 2 2 2 2 0 0 2 2 4 2 2 2 0 2

1 2 0 0 0 2 0 0 0 2 0 2 0 2 2 0 2 0 0 2 2

1 2 0 0 2 2 0 0 2 2 2 2 2 0 2 0 2 0

1 2 0 2 0 2 0 2 0 0 0 0 2 2 2 2 2

1 2 2 2 2 2 2 2 0 0 0 2 0 2 0 0 0 0

1 0 0 0 0 0 0 2 0 0 2 2 2 0 0 0

图 1.2

盖伊写道:"在最近的将来,我们不见得能找到吉尔布雷思猜想的证明,尽管该猜想可能是真能成立的。"盖伊还认为,该猜想能否成立,其实与素数并没有多大关系。克罗夫特(Hallard Croft)认为,该猜想可能适用于任何一个数列,只要它以2开头,继之以"合理"的速度递增的奇数,当然,中间空档的大小也应该是"合理"的。倘若情况真是那样的话,那么吉尔布雷思猜想就不会像它初看时那样的神秘了。即便如此,证明它仍然是极端困难的。

在一切悬而未决的素数猜想中,特别著名的是"孪生素数猜想",即存在着无限多个"双胞胎"素数——一对素数,其差为2。最小的例子是3与5,5与7,11与13,17与19,29与31,41与43,59与61,71与73。许多巨大的天文数字实例也已知晓。直至最近,已知的最大一对孪生素数是彭克(Michael A. Penk)在1978年发现的303位素数。1979年又被超越,其时阿特金(A. O. L. Atkin)与里克特(Neil W. Rickert)发现了更大的两对:$694\ 503\ 810 \times 2^{2304} \pm 1$ 与 $1\ 159\ 142\ 985 \times 2^{2304} \pm 1$。其中较大一对的两个数

8

以 4337… 开始，17 760±1 结尾，位数有 703 位。

还可以将孪生素数猜想推广到差为任意偶数 n（除 2 之外，任何两个素数的差不能为奇数，否则两数之中必有一个为偶数，因而必为合数）的一对素数。它还可以继续推广到由特定偶数差分开的某些有限的数字模式。例如以下的三元素数模式 $k, k+2, k+6$，其实例甚多，如：5, 7, 11；11, 13, 17；17, 19, 23；41, 43, 47；101, 103, 107，等等。

任何尚未考虑可除性而排除的这类模式，都存在着无限多的实例（模式 k、$k+2$、$k+4$ 在素数中只有一个解，即 3, 5, 7，因为比此更大的三元模式中必将包含 3 的倍数）。形如 $k, k+2, k+6, k+8$（最小的实例为 5, 7, 11, 13）的四元模式被认为存在着无限多个。不过，对某些模式还没有找出例子，或者仅有一个实例。克兰德尔请大家注意，由八元素数 11, 13, 17, 19, 23, 29, 31, 37 给出的模式。它肯定还有别的例子，但迄今还没有人找到。

梅森数——即形如 2^n-1 的数，亦即 2 的 n 次幂减去 1 的数——从古典时代起就使数论学者们着迷，其魅力在于它同完全数的联系。所谓完全数，就是其除数之和（包括数 1，而不包括该数本身）等于该数本身之数（例如 6, 28, 496, …）。如果一个梅森数是素数，那么通过欧几里得公式 $2^{n-1}(2^n-1)$ 就会自动导出完全数。这里，括号中的数 2^n-1 就是梅森数。

容易证明，除非指数 n 是素数，否则梅森数不可能是素数。那么，当 n 为素数时，梅森数是否一定为素数呢？小数字的强规律会暗示我们，它将是的。当 $n=2, 3, 5, 7$ 时，情况属实。但当 $n=11$ 时，却失败了，因为 $2^{11}-1=2047$，而 $2047=23×89$。在 $n=13, n=17, n=19$ 时，规律又成立，然而 $n=23$ 时却再次被颠覆。而且，从此开始，有效的事例越来越少。目前，已知的梅森素数仅有 27 个（从而只有 27 个完全数）[1]。第 27 个梅森素数 $2^{44497}-1$ 是借助计算机而发现

---

[1] 至 2018 年 12 月，已经发现了 51 个梅森素数。——译者注

的,那是在1979年,编写程序的人为斯洛温斯基(David Slowinski)和助手纳尔逊(Harry L. Nelson),地点在加利福尼亚大学的劳伦斯利弗莫尔实验室。此数以854… 打头,671结尾,位数共有13 395位之多。时至今日,无人知晓梅森素数是否无限多,甚至不知道是否有第28个梅森素数存在。

费马数具有 $2^{2^n}+1$ 的形式。在 $n=0,n=1,n=2,n=3,n=4$ 时,所得之数皆为素数(3,5,17,257与65 537)。费马(Piere de Fermat)认为具有此种形式的一切数都是素数,但他忽视了 $n=5$ 时所得之数4 294 967 297可以分解为素因子641与6 700 417的乘积。除了费马自己发现的5个费马素数之外,迄今从未发现过其他费马素数,无人知晓究竟是否还有。

以下要讲一个包含阶乘运算的神奇素数模式。所谓 n 的阶乘可记为 $n!$,意思是 $1\times2\times3\times\cdots\times n$。在下列模式中,请注意加号与减号的交替出现:

$3!-2!+1!=5$

$4!-3!+2!-1!=19$

$5!-4!+3!-2!+1!=101$

$6!-5!+4!-3!+2!-1!=619$

$7!-6!+5!-4!+3!-2!+1!=4421$

$8!-7!+6!-5!+4!-3!+2!-1!=35\ 899$

在每种情况下,等式右边的数都是素数。可惜,小数字的强规律在下一步不灵了,所得出的数字326 981是素数79与4139的乘积。以后的素数要在 n 分别等于10,15,19时才能得出。

在图1.3中,从41开始,然后加上2,得出素数43,43加4,得出素数47,再对47加6得出素数53,依此继续。每个素数作为下一行的首数,并加上数列2,4,6,8,…中的相应数字。从图1.3看出,每个结果全都是素数。试问,这种情况能否永远持续下去,还是到了某处就不灵验了?

10

偶数　素数

↓　　↓

41 + 2 = 43

43 + 4 = 47

47 + 6 = 53

53 + 8 = 61

61 + 10 = 71

71 + 12 = 83

83 + 14 = 97

97 + 16 = 113

113 + 18 = 131

131 + 20 = 151

151 + 22 = 173

173 + 24 = 197

197 + 26 = 223

223 + 28 = 251

251 + 30 = 281

281 + 32 = 313

313 + 34 = 347

347 + 36 = 383

⋮

图1.3

　　加拿大数学家莫泽(Leo Moser)创造了一个奇迹,见图1.4所示。对此模式的研究表明,每个序列都是从它上面一行插入n(n表示行数)变化而来,即对于每一对相邻的数字,凡是其和等于n的,在它们中间都必须插入n。最

11

右边的 k 表示每一序列中的数字的个数。请注意,图中前面 6 个 k 表示前 6 个素数,下一个 k 跳过了 17,至 19 又是一个素数。是不是所有的 k 都是素数呢?为了找出第 n 个 k 值,有没有公式可用?

n	序列	k
1	1,1	2
2	1,2,1	3
3	1,3,2,3,1	5
4	1,4,3,2,3,4,1	7
5	1,5,4,3,5,2,5,3,4,5,1	11
6	1,6,5,4,3,5,2,5,3,4,5,6,1	13
7	1,7,6,5,4,7,3,5,7,2,7,5,3,7,4,5,6,7,1	19

图 1.4

除了 2,一切素数都有形式 $4k \pm 1$,这意味着除了 2 之外的一切素数都是 4 的倍数加 1 或减 1(此事极易从下列事实推出:每一个奇数都是 4 的倍数加 1 或减 1)。现在把奇素数不断地写下来,$4k-1$ 型素数放在上面一行,$4k+1$ 型素数写在下面一行:

3　7　11　19　23　31　43　47　59　67　71　79　83

5　13　17　29　37　41　53　61　73

在这儿,上一行"赢得了赛跑"。如果我们把这两行素数继续写下去,是否上面一行会永远领先呢?盖伊劝你切勿浪费时间,妄图用经验方法解决问题,因为你将要走极其漫长的路才会看到第二行领先,即便如此你也证明不了什么。杰出的剑桥数学家利特尔伍德(John E. Littlewood)已证明,这两行将会交替地领先无限多次。

大于 5 的一切素数都可以记为 $6k \pm 1$。如果我们让这两匹"马"来赛跑,它们也将无限多次交替领先。人们也曾研究过其他素数赛跑,例如$8k \pm 1$,$8k \pm 3$的赛跑。尽管成熟的理论远未建立,但大多数学者相信,在所有这些"赛跑"中,不论参赛的"马"有多少匹,在漫长的赛程中,每匹马都可能领先无限多次。

$4k + 1$型的素数($4k \pm 1$赛跑的下面一行)永远可表示为唯一的一对不同平方数之和。例如,5等于$4 + 1$,13等于$4 + 9$,…。这一性质已被费马证明成立,即著名的费马平方和定理。此例非常突出,因为小数字的强规律这一次并非欺人之谈,而确实导致了一个真正定理的证明。该定理有许多证法,已为人所知。但在1977年,美国明尼苏达州圣奥勒夫学院的拉森(Loren C. Larson)发表了一种讨人欢喜的新证法,使人耳目一新。这种新证法的基础建立在人们熟知的"后棋的和平共处问题"[①]上,即要求在$n \times n$的国际象棋棋盘上放置n只"皇后"棋子,而且相互之间都不形成"叫吃"。

图1.5中上面的图给出的后棋问题的最小解显示了以下三项重要性质:(1)有一只后棋摆在中心方格里;(2)所有其他的后棋都可以通过广义马步到达中心方格。所谓"广义马步"是指在一个方向走过m步,再在与之成直角的另一方向走n步的动作(m与n为不相等的整数);(3)最终模式具有四次旋转对称性(在90°旋转下不变)。拥有全部这些特征的下一个最大的解见图1.5的下图,即13×13棋盘上的13只后棋。

除了中心方格上的那只后棋,在所有这些解答中,棋盘上的每个象限显然都应该拥有同样个数的后棋,因而后棋总数必然是$4k+1$型的。拉森证明,当且仅当后棋数为此种类型的素数时,才存在着彼此互不叫吃的布局。

在所有这些解答中,整个棋盘可以分割成如图1.5所示的那种局面,由斜线分为同样形状的小方格。如果我们把棋盘想象为环面,上下两边相接,

---

① 通常称为"八后问题"。——译者注

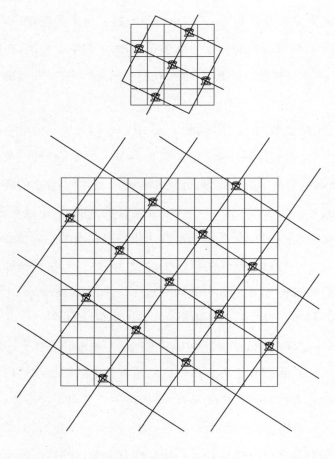

图1.5

左右两边也相接,那么边长为 p 的棋盘是由 p 个斜方格组成。由于棋盘面积等于 p^2,所以每个小方格的面积为 p。由于 $\sqrt{p}$ 是直角三角形的斜边,而直角边为 m, n(广义马步的两个分量),于是由毕达哥拉斯定理推出,p(斜边上的正方形面积)一定等于 m、n 的各自平方之和。由于 p 是形如 $4k+1$ 型的素数,于是证明了这种素数乃是两个不同的平方数之和。此处我是把拉森的证法,用波利亚的早期著作为蓝本加以高度简化了。欲知其详,请读者们直接去阅读他的原始论文《用国际象棋棋盘证明一个素数定理》(见《数学杂志》第50卷第2期,69—74页;1977年3月)。

斯波尔丁的第4节,也是最后一节诗给出了一个合适的结论:

> 啊,你们这些不受约束的素数呀,
>
> 终于使长期以来寻觅素数公式者,
>
> 他们的幻想付之东流、烟消云散。
>
> 什么系统、有序、模式、解释,
>
> 这一切都不过是空中楼阁,
>
> 留下来的依然是
>
> 不肯就范、麻烦不断和
>
> 不听教诲!

补　遗

1994年,斯洛温斯基与盖奇(Paul Gage)发现了梅森素数 $2^{859\,433}-1$。1996年,斯洛温斯基同他的卡利研究所的合作者们共同发现了 $2^{1\,257\,787}-1$。后来,一个约有700多人的"猎数团队"集结在一起,进行了所谓"互联网梅森素数大搜索",其中的一名成员阿芒戈(Joel Armengand)发现了第35个梅森素数 $2^{1\,398\,269}-1$。此数一共有420 921位数字,堪称迄今已知的最大素数了。当然,它也顺理成章地牵出了第35个,也是已知的最大的完全数。

据我所知,最大的孪生素数是我在写这篇文章的1995年时发现的。它们是242 206 083×$2^{38\,880}$±1。每一个数有11 713位。

从 $n = 5$ 到 $n = 9$ 的费马数现在都已被分解为素因子,被证明是合数。但 $n = 10$ 的费马数(长达309位),尽管用尽已知的大数分解办法,仍然没有使之就

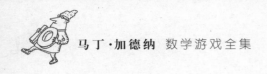

范①。这里顺便提一句，在用二进制数表达时，一切费马数都拥有1000…0001的形式，而梅森数的形式为111…111，从头到尾全是1。

本章正文中曾提到形为 $k, k+2, k+6, k+8, k+12, k+18, k+20, k+26$ 的8个素数的数列，并说过唯一的已知实例是11,13,17,19,23,29,31,37。然而，供职于数字设备公司的小哈里布顿(John C. Hallyburton, Jr)却找到了这类8个素数数列的另外7个实例。它们的首数分别为：

$$15\ 760\ 091$$
$$25\ 658\ 441$$
$$93\ 625\ 991$$
$$182\ 403\ 491$$
$$226\ 449\ 521$$
$$661\ 972\ 301$$
$$910\ 935\ 911$$

康洛夫(Ken Conrow)又把哈里布顿的研究成果作了大大推广，列出了8个数的素数数列中49个的首个数字，其中包括哈里布顿的6个素数作为其中最小的6个。在一百亿以下的所有素数，都已被他统统挖掘了出来。

斯波尔丁的素数赞美诗发表在《诗篇的吉尼斯纪录1958/1959》上，在杰宁主编的《1940—1960年期间现代诗选》(梅思温公司；1961年版)上也有。对于作者斯波尔丁女士，除了知道她生于1920年之外，其他我一无所知。这首诗是由英格兰的林登(J. A. Lindon)与格拉斯哥市的加斯克尔(Philip Gaskell)寄给我的。

---

① 1990年, $n=10$ 的费马数已被分解为素因子。——译者注

答　案

　　本章正文中还有两个遗留问题未给出答案。第一个问题涉及的似乎是一种专门制造素数的办法。你能否认出它其实就是欧拉发明的、著名的素数生成公式 $41 + x^2 + x$？令 x 取整数值，从 0 开始，该公式可以一口气制造出 40 个素数。但 $x = 40$ 时，公式不灵了，得出的是个合数：$1681 = 41^2$。

　　莫泽的三角形模式的根据是一种称为法里分数的数列的性质。在前面 9 行，所得出的数的个数确实全是素数，但 $n = 10$ 时，数列中给出了 33 个数，而 33 是个合数。如果计算标准改为数位，那么第 10 组有 37 位，它倒是一个素数，可是下一组又不灵了，其时共有 $57 = 3 \times 19$ 位数字，仍旧是一个合数。

　　要想得出第 n 行的 k 值，可以把从 1 到 n 的欧拉 φ 函数之值统统加起来，然后再加上 1。所谓欧拉 φ 函数 $\varphi(n)$，是指不超过 n，并且与 n 互质的自然数的个数。例如，从 1 到 10 的欧拉 φ 函数为 1,1,2,2,4,2,6,4,6,4。这些数的总和等于 32，加上 1 之后，就是第 10 行的 33，可惜它是个合数。我不知道莫泽是否公开发表过这种奇特的模式。

第 2 章
跳棋游戏，第一部分

我们知道的跳棋游戏

是特意制作出来的、能

吸引人们的注意力又不

至于紧张过度的游艺。

跳棋中有的是镇静、沉

着、严肃、认真,可以潜移

默化地安抚人们的心灵。

——博斯韦尔(James Boswell),

《塞缪尔·约翰逊的一生》

上面所引的一段话来自关于1756年的一节,在这一节中,博斯韦尔写到了佩恩(William Payne)的《跳棋游戏引论》一书中约翰逊所作的序言。该书于同年在伦敦出版。英、美两国对跳棋游戏有两个不同的英语单词,英国叫 Draughts,美国叫 Checkers,意思都是跳棋,上文提到的《引论》,是在英国出版的第一本跳棋书,作者是一位数学教师。约翰逊毕业以后,很少再玩跳棋游戏,博斯韦尔为此深表遗憾。因为他觉得,玩跳棋可以使他的朋友获得"完全无害的镇定与抚慰",使他的朋友从周期性发作的抑郁症中解脱出来。

跳棋不知起源于何时。不过绝大多数研究游戏史的历史学家目前认为它起源于法国南部,时间大约是在12世纪。如果你考虑一下学习过它的下棋规则而永远不会遗忘的幼童人数,那么在英、美两国,跳棋无疑是一切方格棋盘游戏中普及程度最高的棋种。不过,在文献数量、成年人中成为顶级棋手的人数、举办世界冠军赛所引起的公众狂热等方面,跳棋都远远不如国际象棋。试问,有多少人能说出一位跳棋高手的姓名,或者告诉你目前的世界冠军是谁?那么,我告诉你,此人叫廷斯利博士(Dr. Marion F. Tinsley),是美国佛罗里达州农工大学数学系的一位拓扑学家,他可能是世上曾有过的、最伟大的跳棋玩家。

国际象棋的游戏规则在整个西方世界是统一的,然而跳棋不是这样。目前在英语国家之外有几十种地区性变异。在欧洲与俄罗斯,最普及的一种版本叫波兰跳棋(除了波兰之外,各国都是这样称呼,然而在波兰,它却叫作法国跳棋),要在10×10棋盘上下棋,开局之初,双方各有20只棋子。这是本游戏的标准法国形式,但在说法语的加拿大各省①,跳棋的棋盘要更大些:12×12,开局时双方各有30只棋子。在世界各地,跳棋规则的地区差别甚大。令人们感到惊讶的是,英国以外的所有欧洲国家都把跳棋棋子叫作"女士"(ladies),然而在美国及英语国家却把跳棋棋子唤作"男士"(men)。

跳棋比国际象棋简单,这一事实带来了若干后果。其中之一是,跳棋大师们不大可能像国际象棋大师那样,由于偶然出错而输给棋艺不如自己的对手。对于跳棋爱好者们来说,这正是它具有巨大吸引力的一个重要原因。他们喜欢引证美国作家爱伦·坡(Edgar Allan Poe)在《莫格街谋杀案》②开头对这两种游戏所发的一番议论:

于是,我总是在寻找机会,向别人推销自己的想法:沉着稳健、深谋远虑的智力,总是更好、更有效地通过朴实无华、不事修饰的跳棋来进行考验,而不是由精心设计但浅薄无聊的国际象棋来取得。后者的各种棋子有着不同的、稀奇古怪的走法,形形色色的、可变的价值。复杂性将导致

---

① 加拿大有说法语的省份,前几年常闹独立。但该国大部分人口仍是说英语的。——译者注
② 比英国作家柯南道尔的福尔摩斯探案还要早,一般公认为现代推理小说之祖。——译者注

错误不可避免，而且往往会犯大错。注意力成了下棋的重要因素，稍有不慎，就会铸成大错，结果是受到重创或失败。棋子的可能走法不仅数量繁多，而且复杂多变，失察的机会将会倍增；十之八九，取胜者是注意力更为集中的棋手，而不是更机智聪明的下棋人。反之，跳棋的棋子走法是单一的，只有极微小的变异，粗心大意所造成的疏漏可以忽略不计，注意力的因素显得不那么重要，不论哪一方，取胜的机会全靠下棋人的过人才智。

　　廷斯利博士则用下面的说法来表达他的类似观点："下国际象棋好比是在遥望浩瀚无际的大洋；下跳棋却像是在探视一口不见底的深井。"

　　跳棋简单性的另一个后果是，到了1900年，它的各种开局法都已被分析得十分透彻，从而使大多数比赛的结果都是打成平局，不分胜负。为了在棋赛中注入更多戏剧性因素，避免枯燥乏味，在英国（大约在1900年左右）制作了一套卡片，每张卡片上都写明了一对组合，即黑方的第一步走法与白方的应对。每次正式下棋之前需要先任意抽取一张卡片，然后按照卡片上规定的走法开局。由于任意一方都有7种不同的走法，因而一共有49种可能的对子。然而其中有两对（9—14,21—17与10—14,21—17）必须排除，因为这种走法白棋会丢一个子。后来又发现另外两对（11—16,23—19与12—16,23—19）会给黑方过多的利益，也应该取消，于是，最后剩下了45张卡片。

图2.1

标准的跳棋记录法基于格子编号,见图2.1所示。为了清晰起见,习惯上将跳棋棋盘上的方格画成黑白两色交替,只显示白格上的棋子。事实上,玩法总是在黑格上进的,其中包括位于每个下棋人右下角处的"两只角"。虽然棋子是红、白两种颜色的,习惯上仍然把棋手分别称为"黑方"与"白方"。目前,正式比赛的棋盘用的是绿黄两色的;黑、红的棋盘已被认为是玩具店里庸俗不堪的东西。下跳棋时,黑方总是先走,比赛记录着黑方从编号较小的格子开始。如果你把本章所列的棋局,任选一个走一走,那么,照图示的办法把己方的黑格标记一下将不失为一个好主意。

糟糕的是,几十年过去了,跳棋专家们对两步开局的后续步骤已变得如此熟悉,双方都会采用稳扎稳打的对策,结果是一次又一次的平局。于是在19世纪30年代中期,英国式的"两步限制"被美国的"三步限制"所取代,时至今日,英、美两国的所有跳棋比赛都照此执行了。一共有142张卡片,每张卡片上都写着不同的前3步走法。由于许多种3步组合将使一方获得较多的利益(通常是后走的一方),因而规定比赛时要下两局,大家轮流先走。

如果对开局走法不加任何限制,你高兴怎样走就怎样走,跳棋专家们的比赛就多半是打成平局。即使有前3步走法的限制,百分之八十的比赛仍将以平局告终。倘若有一位高手真的赢了,那么通常是输棋的一方犯下了错误,或者是赢家运用了一个秘密武器,即他发现了一着"妙棋"(严守秘密,可达数年之久)。所谓"妙棋",就是对已被视为"经典"标准走法的一种重大改进,它将出乎意料地使对方陷入窘境。传统做法是:每走一步棋之前,只允许思考5分钟,如果只有一种走法,那就只能思考一分钟。近年来,这种死板规定已改为使用棋钟,规定一小时内必须走30步棋。于是,当某人使出一步新的绝招时,他的对手往往由于没有足够时间进行思考而落败。

已故棋手赫尔曼(Walter Hellman)曾是美国印第安纳州加利市的一位炼钢工人,其后成为世界跳棋冠军。他在1967年同美国冠军弗雷泽(Eugene Frazier)进行了一场卫冕战。比赛一共进行了36局,其中31局打成平局,赫尔曼净胜5局。赫尔曼的最后一局胜利全靠一步妙棋。"我以前曾经用过一次这种妙棋",他对一位记者说,"但从未公开过。弗雷泽其实有一步棋可以挫败这种攻击,但是5分钟的时间他根本来不及思考。"

跳棋简单性所造成的第3个后果是,对于中等水平的棋手,最佳的跳棋计算机程序比最佳的国际象棋计算机程序更具威力。直到1975年前后,最强有力的跳棋程序是塞缪尔(Arthur L. Samuel)设计的。它是一种学习型程序,能在下棋实践中不断改进。塞缪尔先生从IBM公司领导研究工作的岗位上退休下来以后,仍在斯坦福大学人工智能实验室继续研究、改进他的程序。1977年,杜克大学的两位研究生詹森(Eric C. Jensen)与特拉斯科特(Tom R. Truscott)在该校教人工智能的皮尔曼(Alan W. Biermann)的指导下,开发出了一种非学习型的、强有力的跳棋程序。

跳棋棋手,被分成3级:初级、行家与大师。杜克大学程序的支持者们认为,该程序一开始就玩出了大师级水平。然而,跳棋大师在同该程序对阵时,很快就能够看出它的弱点,并加以利用。它的最大弱点在于下棋时全无大师们的计划,甚至开局就根本不按书本走法行事,常常把棋子散布在棋盘上。这种模式被大师们讥讽为白痴。它的真正力量在于能以不可思议的速度深入分析一切可能走法,其深度远非作为对手的人类所能及。而且,在这样的深度范围内,程序永远不会犯错误。国际象棋程序恐怕还要几十年才能轻而易举地击败大师,然而皮尔曼坚信,杜克程序已经在"重重敲打"跳棋世界冠

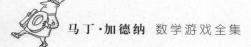

军的大门了。

不过，大师级的跳棋玩家像他们的国际象棋同行一样，对计算机程序的前景并不看好。他们一致同意美国跳棋联合会秘书长格朗让（Burke Grandjean）的看法，后者把最好的杜克大学程序仍然看得十分幼稚、荒谬可笑。依靠联合会的撑腰，廷斯利以5000美元打赌，他可以毫不费力地击败在下一个五年设计出来的任何计算机程序，一口气连胜20局。（想加入美国跳棋联合会，订阅他们出版的月刊《简报》的读者，可以写信给格朗让先生，地址为：3475 Belmont Avenue, Bator Rouge, LA 70808。）保真电子产品公司目前在市场上出售的"跳棋挑战者2"是一种售价不贵的半导体器具，它的下棋水平有高低两档可调，还有"跳棋挑战者4"，则有5档，但它的最高档仍被认为及不上塞缪尔与杜克大学的下棋程序。

在国际象棋方面，后手第二步就把对方将死，即所谓的"笨蛋的杀局"已被证明为步数最少的棋局。令人惊讶的是，步数最少的跳棋棋局迄今依然无人知晓。直到两年以前，人们才认为它就是24步的封锁局，其最终局面如图2.2所示。24步走法有各式各样，但最后走到的局面被认为是独一无二的。请注意，在图2.2右侧所给出的走法中，白方的每一步棋都是与黑方所

黑方	白方
1. 9-13	24-20
2. 12-16	21-17
3. 10-15	23-18
4. 15-19	18-14
5. 8-12	25-21
6. 4-8	29-25
7. 6-10	27-23
8. 10-15	23-18
9. 2-6	31-27
10. 6-9	27-24
11. 1-6	32-27
12. 6-10	27-23

图2.2

走的前一步成中心对称。我不知道究竟是谁首先想出了这种对称走法，在此处刊出的是由美国新泽西州林伍德市的翁德赖伊卡（Rudolf Ondrejka）告诉我的，前两步就是人们熟悉的爱丁堡开局法。由于9—13是初学者最喜欢走的第一步，从而被行家视为黑方最坏的开局法，这种对称局势通常都以10—15，23—18开始，即所谓的"凯尔索十字形"（Kelso Cross）。

　　劳埃德（Sam Loyd）在他的著作《趣题大全》（1914年出版）第379页上，采用了一套怪异的记号，不正确地假定棋盘转动了90度，并记录了一系列非对称性走法，但最后倒是也得出了同图2.2一模一样的态势。劳埃德直截了当地说它是"一切可能出现的跳棋棋局中，步数最少的一种"。24步封锁棋局确实是（可以证明）步数最少的没有吃子的走法。然而，在1978年，《英国跳棋杂志》的难题编辑贝克尔逊（Malcolm Beckerson）却发现，白方在他的第10步（双方合计时为第20步）可以把所有的黑子统统吃光而获胜。这在目前可说是已知步数最少的一局棋了，但并没有人证明不可能有比它更少的致胜步数。贝克尔逊还发现，尚有别的20步走法可以把全部黑子吃光，以及吃过若干棋子后最终成为封锁局势的20步走法。图2.3是走过20步之后的最终局面，它首次刊登于1978年3月英国出版的《游戏与趣题》月刊上。

	黑方	白方
1.	11-16	21-17
2.	10-14	17×10
3.	6×15	23-18
4.	2-6	18×2 (K)
5.	9-14	2×18
6.	3-7	24-20
7.	1-6	20×2 (K)
8.	12-16	2×9
9.	5×23	26×3 (K)
10.	4-8	3×12

图2.3

它的头两步走法即人们熟悉的纽卡斯尔开局。

仍有许多其他最少步数的跳棋问题尚未解决。譬如说,最少要多少步才能出现有24只"王棋"的棋局?目前已知的最优解是180步(黑白双方各走90步),发现者是哈里斯,刊于《游戏数学杂志》(第9卷第1期,45页;1976年)。又如,最少要多少步才能使黑、白双方交换他们的初始位置?显然,各方都需要走60步才能占据对手的出发点,因此一共需要2×60=120步,这绝对是一个最低的下限。19世纪后期英国出版的一本《跳棋玩家的良师益友》[作者名叫邓恩(Frank Dunne)]的94—95页,给出了172步的解答。最后,双方各有6个"王棋"。不过,172步似乎多了一些,步数还可以压缩。

在较小的棋盘上试一试上述问题是很有趣的。3×3棋盘未免太小,太乏味了。4×4棋盘就要有趣得多,足以为读者提供一个趣题。它的开局状态见图2.4,给你的任务是要用最少的步数,以符合游戏规则的走法,使黑、白双方交换位置。当然,吃子规则是强制性的,规定要吃子时不能不吃。最后,所有4个棋子自然都变成王棋了。顺便说一下,在这种微型棋盘上的最短棋局要走5步,

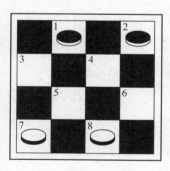

图2.4

如果双方都想取胜并按最优策略行事,结果将以平局告终。

同国际象棋一样,无数种千奇百怪的跳棋玩法被人们提了出来:改变棋盘的形状、棋子的初始位置、游戏规则……,诸如此类,层出不穷。在一本由博耶(Joseph Boyer)与帕顿(Vern R. Parton)自费出版的法文书《后棋的非传统走法与棋子的其他游戏》中甚至给出了多达100种的玩法。有的是在三角形或六边形棋盘上玩;有的采用三维立体棋盘;有的玩法把国际象棋棋子与跳棋棋子混在一起,有的则允许3个人或4个人同时下棋。正如人们所

想的那样，怎样算是与跳棋大同小异，只能称为跳棋的变种，怎样算才是面目全非，应该列为另一种游戏，这中间很难划出一条明确的界线。譬如说，除了也是在 8×8 棋盘上玩，也采用两种颜色的棋子之外，所谓的土耳其跳棋几乎与跳棋毫无共同之处。改变跳棋规范布局的一种简单办法是，开局时按照

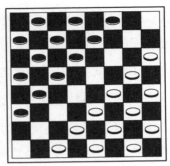

图 2.5

图 2.5 来布置棋子，而所有的跳棋游戏规则都继续保持有效。开局后，不多几步，就很快会出现传统玩法从未见过的态势。

跳棋最怪异的变种，人们希望能对它多了解一些的是"超级跳棋"，发明者名叫福特（Charles Fort），是纽约市布朗克斯区一位专门喜欢搜罗科学奇闻的闲人，其人在美国科幻小说界影响不小，对时下流行的超自然现象研究也很热衷。按照为福特作传记的作家奈特（Damon Knight）的说法（见《查尔斯·福特传》，双日出版社，1970 年），超级跳棋玩起来，"要有两支队伍和一个数千格的大棋盘。福特在人们身上挂上硬卡纸，用一大块方格布料作棋盘。"

棋赛开始时，两名棋手率领两队人马，按照事先约定站成一定队形，中间留下一块空间。如果一次只走一步的话，下一盘棋要花上几星期，因此，福特允许双方集体行动。他在一封信里写道："A 开局先走，他可以先走若干步——譬如说，100 步——直到 B 叫停为止。然后由 B 连走 100 步。接下去，A 也许想再走 100 步，但 B 在估量形势后，有可能在 A 走了 30 步后就叫停。双方短兵相接后，就像普通跳棋一样，一次只走一步，轮流走子。无论何时，一方想集体行动时，必须取得对方的同意。"

这样一盘棋往往要下一整夜。1930 年，福特给塞耶（Tiffany Thayer）写

信，后者是福特所办的第一本杂志《怀疑》的编辑。信中说道："超级跳棋正在获得巨大成功。我又遇到4个人，他们都说它异乎寻常，很了不起。"

在英、美两国，最出名的跳棋变种要算是"丢包袱"了。它与正规跳棋的差别只在于目标不同：首先把所有的棋子统统丢光的算是赢家。在上面所引证的邓恩的那本书的91—92页中，有一个迷人的丢包袱游戏名叫"傻瓜打赌"，推测起来大概是英国的靠跳棋骗钱的设局者设计出来的。开局时，白方的12只棋子放在通常的初始位置。黑方只有一只王棋，放在第7格。黑方如果丢失王棋，他就赢了。白方要想赢，那就必须把12只棋子统统丢掉。邓恩揭示了白方如何走一定能赢，还给出了3个类似的稳赢的棋局，局中白子同上，但黑方只有一个未加冕的"王棋"，位于第1格、第4格或第5格。

图2.6

在设局者数以百计的棋局中，图2.6堪称是最好的棋局之一（我要感谢斯托弗（Mel Stover），是他告诉我的），轮到黑方走棋。白方打赌，黑方将无法使他先动的棋子加冕晋王。显然黑方不应走动21格上的黑子，因为它立刻会被吃掉，因此，问题就变成了黑方应怎样去移动19格上的黑子，使之推进到底线而晋为王棋。你越研究，似乎就越肯定黑方将很容易赢得赌注。然而，还是白方赢了。用这个棋局在朋友之间逢场作戏，实在很有趣。

最后一个问题。人们普遍认为，两个王棋对一个王棋的局势，前者一定可赢，但这种看法未必永远都对。你能否在棋盘上布置两个白色王棋，一个黑色王棋，让白方先走，而黑方可以将白棋迫和？不过，在考虑答案时，应该把平凡解（三子都沿对角线排列，黑子夹在两只白子之间）排除在外。

答　案

　　第一个问题是要求在4×4微型跳棋棋盘上,将两个黑子与两个白子交换位置,并要求步数最少。解决这个微型跳棋难题的最少移动步数是16步。如图2.4所示,在棋盘上将黑格编上1至8号。前面4步必须是2—4,8—5,4—6,5—4。第5步可以是1—3或6—8,以后就会生出许多变化。后面12步的一个比较典型的走法为:1—3,4—1,6—8,7—5,8—6,5—4,3—5,4—2,5—7,1—3,6—8,3—1。

　　按照以下走法,白方可以赢得设局者的赌注。

黑方	白方
19—24	29—25
24—28	30—26
21—30	31—27
30—32	

　　下到这里,比赛宣告结束。尽管黑方赢了棋,但他却未能使先动的一个棋子晋升为王棋,从而输掉了赌注。

　　最后,图2.7给出了白方两个王棋对抗黑方一个王棋,并轮到白方先走的棋局。只要走棋得当,黑方可以打成平局。除了黑子与白子都在对角线上,而且黑子挤在白王中间的这种常见走法之外,图上所示的是唯一可能的摆法了。倘若白子都不在棋盘的角上,黑方可以吃掉一个白子。如果两个白王走成掎角之势,譬如说,走在30与21格,则黑子走到22格,办法还是管用。

图2.7

史密斯(Herschel F. Smith)指出,放在2格上的黑王与放在6格与7格上的白王对抗时同样可以赢棋,但是,正规的走法是不可能到达这一可笑的位置的。

第 3 章
跳棋游戏，第二部分

自从1980年写出上一章以来，我看到了如此众多的跳棋新材料，因此我决定把它们缀合成新的一章，而不是强行挤入老的章节中去。

《科学美国人》杂志1980年8月号上刊出了后来成为跳棋世界冠军、美国弗罗里达州塔拉哈西市的廷斯利的来信，原文如下：

先生们：

我对加德纳在一月号上发表的有关跳棋的一篇文章有些意见。他写道："如果一位高手真的赢了，那么通常是输棋的一方犯下了错误，或者是赢家运用了他发现的一着'妙棋'……"这种说法完全是在误导读者。错误的确发生过，妙着也曾用过。对跳棋来说，渊博的知识是重要的。然而，深入分析形势，把棋局的发展前景看得非常深远的能力是更为重要的。赫尔曼在1948年、1961年先后两次同朗（Asa Long）争夺世界冠军的比赛中，从他存储量极为庞大的知识库里祭出了一大批妙着。然而，由于朗可怕的分析能力，使得赫尔曼根本无力取胜。事实上，高手之间的胜负是很细微的。1922年，朗第一次赢得全国锦标赛冠军，当时他年仅18岁。他击败那些知识远比他渊博的顶级高手靠的是能力，而不是妙着。再举一个例子，1876年，时年19岁的耶茨（R.D.Yates）从怀利（James Wyllie）手里夺走了世界冠军称号。怀利是一位伟大的学者，浸淫跳棋40年，曾引入很多重要的开局法与各种变化。然而耶茨还是打败了他。耶茨的胜利并不表明他知识的多寡，而是他看透跳棋游戏的伟大能力。

最后，我还想就玩跳棋的计算机程序说上几句。我看过很多计算机程序下的棋局，其中也包括与杜克大学程序下过的6盘棋。结果不佳，全部都处于低级的业余水平。也许程序真的考虑到了一大批走法与对局，但有一点是肯定的，它们全都看得不够远！然而，20多年来却一直反复宣称有程序达到了大师级水平。这种虚假与过头的宣传又为打赌下注推波助澜。我们同赌博者没有亲缘关系，不过，用打赌的办法把欺诈行为曝光，这种办法倒成了检验真假的唯一可接受的有效手段。兴许在未来的某一天，程序设计者会有一个真正的突破。即便到了那个时候，他们也应该像真正的科学家那样为人处世，不要在他们的后辈面前夸夸其谈。

双方合作,合乎棋规地走120步,然后双方交换位置,此事有着有趣的历史。问题首先由一位布朗博士(Dr.Brown)在英国的《绅士杂志》(1872年9月)上提出。他给出的答案是172步。跳跃当然是强制性的,因而在任何解答中不可能出现只走不跳的情况。有一位名叫哈伯(Harber)的先生在澳大利亚墨尔本市出版的《每周时报》上分4次发表了一篇文章(1968年6月19日、6月26日、7月3日、7月10日),把步数减少到了120步。布朗为了给别的棋子让出"通道",而把王棋前后推移,浪费了不少步数。在该组题为"交换"的文章的最后一篇中,哈伯证明120步是最少步数。

在没有吃子的14步跳棋游戏中,伦敦的贝克尔逊发现了28种可能出现的最终对局,其中只有两种(包括我已给出的一种)显示出对称性。它们中间有16种,倘若不是轮到黑方走,白方将能再多走一步。

我曾经粗心大意地说过,如果不吃子,没有一局跳棋可以少于24步。这种说法太武断。我错了。1963年,贝克尔逊曾构造过几个没有吃子的棋局,它们在第21步就走到了尽头。其中有一个棋局已在《游戏与趣题》杂志(1976年6月)上刊出,并作为世上最简短的跳棋游戏,被第24版《吉尼斯世界纪录大全》认可。在5个这样的棋局中,有一个如图3.1中所示。

如果双方都走得合理,4×4棋盘上的跳棋比赛应该打成平局。完整博弈树的大

最后的对局

黑方	白方
1. 12-16	22-17
2. 16-20	23-19
3. 11-15	19-16
4. 9-14	16-12
5. 14-18	26-22
6. 5-9	31-26
7. 9-14	26-23
8. 6-9	23-19
9. 9-13	30-26
10. 7-11	26-23
11. 11-16	

图3.1

部分图已由窦德尼①在他的《科学美国人》专栏中给出,我已在本文最后的进阶文献中将它列出。

窦德尼深信,6×6棋盘上的跳棋赛"极有可能"是平局,在标准的8×8棋盘上,"可能"是平局。我在很早的一篇《科学美国人》专栏文章里(已收入《意料之外的绞刑及其他数学游戏》一书,作为该书的第8章),曾举出过一些理由,据此几乎可以肯定,4×4棋盘上的跳棋赛一定打成平局。

那么,5×5棋盘的情况又将如何?也就是说,此时双方的第一行,都各有3只棋子打前锋。令人惊讶的是,正如我在上文所引的章节中所说的,先走者肯定能赢!由于此时的棋盘缺少双角隅,王棋就不可能安全地前前后后来回穿梭,从而就消除了打成平局的可能性。

切斯特顿(Gillert Chesterton)在其诠释基督教义的大作《正统》的第二章里,对美国作家爱伦·坡偏爱跳棋、贬低国际象棋的观点作了如下的评论:

另外,值得注意的是,如果一位诗人真的有了身心不正常的病态,那通常是由于他的脑子出了点小毛病。譬如说,爱伦·坡真的是生病了;这不是由于他有着诗人的气质,而是因为他特别喜欢分析、批判。对他来说,连国际象棋都是太有诗意了;他憎恶国际象棋,因为其中充斥着骑士与城堡②,像一首诗。他毫不掩饰地公然扬言,他喜欢跳棋的黑色圆形棋子,因为它们更像是图形上的一些微不足道的黑点。

① 美国较年轻的趣味数学专家,与号称"数学游戏三剑客"之一的杜德尼不是同一人,曾在《科学美国人》杂志上发表过大量数学科普及动手做实验的文章。——译者注
② 指国际象棋中的"马"与"车"。——译者注

优秀的跳棋玩家往往对国际象棋不感兴趣,而卓越的国际象棋好手对跳棋也同样不喜欢。然而,据我所知,至少有3个人是例外:国际象棋大师皮尔斯伯里(Harry Nelson Pillslbury)同时也是一位跳棋大师。班克斯(Newell Banks)既是一位跳棋大师,又是一位顶尖的国际象棋玩家。第3个人是切尔内夫(Irving Chernev),不但是两种棋的大师,也是当红的国际象棋书作者。在《国际象棋生涯与回顾》(1979年9月版)一书中,他写下了下面的一段话:

> 实际上,在我20多岁时,有5年工夫没有下国际象棋,专门去研究跳棋了。很早以前,在我童年时,我同人家下跳棋,输得一塌糊涂,我暗暗下了决心,今后任何人都不能再使我败得那样惨。他们也许还会打败我,但我不可能如此脓包,不堪一击。
>
> 看看大师们是怎样下棋的,此事令我深感兴趣。我发现有关跳棋的文献资料浩如烟海,数量十分庞大,它确实不愧为一种伟大的游戏。在这一游戏中,存在着大量的美,大量的科学知识。于是我决定写一本有关跳棋的书,把我在介入其中时所发现的一切统统讲出来。

我以前曾经发现一种名叫"所罗门"(Solomon)的跳棋型游戏。它的棋盘是根据"大卫王之星"的形状来绘制的,游戏规则与跳棋完全一模一样。人们现在还不知道,在双方都合理走棋时,究竟是先手赢,还是后手赢,或者不分胜负,但对计算机程序来说,下这种棋是相当简单的。此棋有个很有趣的性质,即两个王棋一定能打败一个王棋,不过,发现正确策略要比跳棋困难得多,对后手来说,用两个王棋对付一个在双角隅上走来走去的王棋是不太困难的。如果读者想买来试一试,请按下列地址向供货商直接函购:Kadon Enterprise, 1227 Lorene Drive, Pasadena, MD 21122。[①]

早就有人指出,同一棋盘上可以同时进行互不相关的两盘跳棋比赛,其一在黑格上玩,另一盘在白格上玩。

一个王棋最多能跳过对方的几只王棋?答案是9只,排列成一个3×3的正方形。

两只王棋通常能击败一只王棋,这是众所周知的。并非为人熟知的是3只王棋也能击败对方的2只王棋,即便它们处在双角隅的位置。一般来说,3只王棋战胜2只王棋的最好办法是迫使对方交换吃子,从而变成两对一的局势。

给盲人使用的棋盘与棋子已投放市场。为了使棋子就位,方格是凹的。双方的棋子,一方的呈圆形,另一方的则呈方形。

有位名叫施瓦茨的读者提请我注意,在4×4微型棋盘上,2只王棋无法击败对方在双角隅游走的一只王棋。为了实施人们熟知的战术,棋盘的大小至少应为6×6。施瓦茨还发现,在3只王棋与2只占角王棋对抗时,如果是在标准的8×8棋盘上,前者可以稳操胜券,然而在更大的棋盘上,双方将打成平局。

时任美国国际跳棋协会名誉秘书的基希(Ike Kisch)写信告诉我,在10×10棋盘上玩的“波兰跳棋”现已更名为“国际跳棋”。按照基希的说法,波

---

① 此处暂照原文译出,由于事隔多年,恐已人去楼空矣。——译者注

兰跳棋这个名称起源于法国,时间大约在1750年,其时有一位波兰绅士引进了100个方格的棋盘。后来它在法国流行起来,并迅速传播到其他国家,尤其在俄罗斯与荷兰更加受人欢迎。

对熟悉计算机复杂性的读者来说,现已证明,扩大到$2n \times 2n$棋盘上的跳棋,同扩大的围棋一样,都具有"P空间难度"。这就意味着,类似于国际象棋或围棋的其他棋类游戏在扩大到$n \times n$棋盘时,可以用与之等价的跳棋对局来模拟,其时棋盘的尺寸将是n的一个多项式函数。跳棋有P空间难度的证明,是由以色列学者弗兰克尔作出的,他的合作者是美国贝尔实验室的加里(Michael Garey)与约翰逊(David Johnson)。

罗杰斯(John Rogers,1829—1904年)是早年美国的一位有名的雕塑家,他的作品"巴黎的石膏像"已成为当地一景,为他赢得了他那个时代的"三维空间的罗克韦尔(Norman Rockwell)"美名。他最为人称道的作品是"农场里的跳棋手"。仅在美国就售出了5000件这一作品的复制品。1979年,罗杰斯纪念协会曾经制造并出售了这一艺术作品的青铜复制件,在全世界限售650件(见图3.2)。图中,那位年轻的棋手正得意扬扬地指着他的致胜一步。罗杰斯原先制作的"巴黎石膏像"的许多复制品经常出现在古董商店与展览会上,通常是在有破损的情况下,根据其品相,售价从500美元到超过1000美元。

人工智能的学科创建者们曾经由于预言失灵而声名狼藉,当时他们曾扬言,国际象棋的计算机程序将击败所有的国际象棋大师而夺得世界冠军。类似地,过分乐观的预言在跳棋界也不乏先例。例如兰德公司的贝尔曼曾发表过一篇论文《论动态规划在象棋与跳棋中决定最优策略时的应用》(见《美国科学院会议录》第53卷,1965年2月,第244—247页)。他在论文中写道:"在有了更大型的电子计算机之后……看来可以十拿九稳地预言:

图3.2

10年之内,跳棋将成为一种完全可以事先决定的游戏。"

从贝尔曼的轻率预言出口之时算起,30多年过去了,尽管跳棋程序改进得非常之快,然而跳棋仍然远远不能认为已能被事先决定。当我在1996年撰写本文时,已有好几个性能很好的跳棋程序可以用钱买到,其中最优秀的程序名为CHINOOK,研发者是加拿大阿尔伯特省埃德蒙顿市阿尔伯特大学的3位计算机科学家谢弗(Jonathan Schaeffer)、莱克(Robert Lake)、卢(Paul Lu),协作者还有两位跳棋专家布赖恩特(Martin Bryant)和特雷洛尔(Norman Treloar)。在1996年谢弗、莱克、卢、布赖恩特4人合写的《CHI-NOOK——人机对话世界跳棋冠军》一书中,故事被作了戏剧性的渲染。另一本由谢弗执笔编写的关于 CHINOOK 的非技术书,也已被斯普林格出版社列入 1997 年的出版计划。

1990 年,廷斯利在表演赛中同 CHINOOK 程序首次进行了交锋,他赢了一局,平 13 局,一局未输。1992 年,他同该程序在伦敦再次交锋。廷斯利赢 4 局,输 2 局,平 33 局。输的这两局是廷斯利长达 42 年的跳棋生涯中输掉的第 6 局与第 7 局!

1994 年,再次进行了交锋。CHINOOK 程序已经过大大改进,增加了几十种新的秘密的开局"妙着",它有能力搜索博弈树的所有分支,深度达到 21 步以上。交战情况是,前 6 局都打成平局。后来,廷斯利退出了比赛,他说要到医院去检查身体。他被确诊为患上癌症,在 1995 年去世。终其一生,他是一位打不败的世界冠军。他的退出使 CHINOOK 获得了世界跳棋冠军的称号,但问题依然悬而未决:廷斯利与 CHINOOK,究竟谁是更好的跳棋手?

由于同跳棋大师拉弗蒂(Don Lafferty)打成平手,CHINOOK 程序保住了它的冠军称号。1995 年,双方再次较量,程序仍是赢家,双方的交战结果是:程序胜一局,平 31 局,一局未失。

目前的人类世界冠军是金(Ron King)。迄今为止,他尚未同 CHINOOK 进行过正式交锋。不过谢弗与其助手们满怀信心地认为,廷斯利去世后,世上已经没有任何棋手能打得过 CHINOOK 了。目前,世界上最拔尖的 4 位顶级高手排名如下:CHINOOK 2712 分,金 2632 分,朗 2631 分,拉弗蒂 2625 分。

CHINOOK 程序几乎天天都在改进,它的编写者们真心希望"解决"一切问题,直到它能下出完美的棋局。

斯托弗曾在《趣味数学杂志》的前身《数学娱乐杂志》的 1961 年 4 月号上介绍过一场极为有趣的跳棋赌赛。征得斯托弗的同意,这里摘录了他对这一赌局的精彩描写:

为了追寻跳棋这种聪明游戏的不同变化,让我们去访问一下"神话象棋与跳棋俱乐部"。卡里加(Joe Kalyika)正在全神贯注地同他的朋友派洛卡(Sam Palooka)下着跳棋。除了一位孤独的、喜欢插嘴的旁观者之外,俱乐部内空无一人。

　　贝茨(Sherwin Betts)对两位下棋者来说是一个不速之客。他在弹子房里被认为是一个眼光锐利的赌棍,靠赌博挣钱,日子过得相当不错。他已把两位下棋人看穿,认为他们的棋艺十分平庸,毫无出奇之处。另外,他还注意到卡里加大大咧咧,自命不凡,喜欢炫耀自己,十足是一个"靶子",可以狠狠地"斩"他一刀。

　　派洛卡走了7—10,此时卡里加声称,他已经赢了这盘棋(见图3.3)。他说道:"我走这儿,你走那儿,我再走这里,那时不论你走哪里,我将走这

图3.3

儿,于是就赢了。"

（卡里加的说法翻译成棋谱是：）

22—17	21—25
17—13	25—29 或 30
18—14	白方获胜。

贝茨打断了卡里加的话,插嘴道:"我知道这不关我什么事,但我还是要说,黑方绝对可以打平这一局。"

"是不是你那个该死的脑袋出毛病了?这明摆着是白方赢。"卡里加大喊起来。

"我认为,一个初学者才会那样想。"贝茨用一种存心挑逗的腔调在说话。

"初学者,我?!拿出点钱来,你拿黑棋,让我一步步地教教你。"

贝茨把一张5美元钞票放在台面上,坐上了派洛卡让出的椅子。于是,棋赛继续进行下去：

22—17	21—25
17—13	10—14
18—9	25—30
9—6	30—26
6—2	26—23,黑方打成平局。

卡里加哑口无言。然而,贝茨表现出不屑拿钱的态度。他说:"我不想拿别人的钱而不给人家一个翻本的机会。这样吧,我们拿10美元作赌注。接下去,你可以任选一方,不过事先要讲好条件。倘若你执白,你必须赢。如果你执黑,你一定得打成平局。"卡里加二话没说,立即拿出一张10美元钞票放在两张5美元钞票旁边,坐上了贝茨刚刚腾出来的位置。贝茨走了22—17,然后棋局继续进行:

	21—25
17—21	25—30
18—14	10—17
21—14	30—26
14—18	白方获胜。

贝茨的微笑激怒了卡里加。卡里加把棋局恢复原状,又坐到了棋盘的白方一侧。

"我想,现在该轮到我来走白棋。"他一边说,一边把20美元放到了台面上。始终在微笑的贝茨拿起了黑棋。

22—17	21—25

17—21	10—14
18—9	25—30
9—6	30—26
6—2	26—23,黑方打平。

"要不要再试一下?"贝茨问道。卡里加一言不发,但红得发紫的脸色反映出了他的心思。他们再一次交换了座位。现在,赌注增加到了40美元。双方又下了起来:

22—17	21—25
17—21	10—14
18—9	25—30
21—25	30—21
9—6	21—17
6—2	17—14
2—7	白方胜。

"是不是重新再来一盘,让你执黑,赌注加到80美元。"贝茨说,但当他转过身来时,卡里加已经不辞而别了。

贝茨把钞票塞进了他的皮夹子,神色戚然地摇了摇头,慢慢地走了。

第 4 章
模数算术与赫默的邪恶女巫

有个小伙子名叫本，
简直是出奇的笨，
只能数到十为止，
他说道："一旦
超过了我的小脚趾，
我就得从头再来。"

同余理论(有时也叫模数算术)所根据的原理源远流长,同算术的历史一样古老,但只是到了德国"数学王子"高斯(Karl Friedrich Gauss)(他一直被称为世上最了不起的数学家)手上,才把它们拉在一起,用一种紧凑而有力的记法统一起来。如果没有这种记法,很难想象数论会取得怎样的进展。作为一名未受过教育的砖瓦匠的儿子,高斯从小就是一个神童。他的最有影响的著作《算术研究》是在1801年自费出版的,那年他才24岁,而此书早在四年前就已写好。正是这本书,引入了数的同余概念。

高斯将两个整数 a、b 定义为对模 m 同余("模"是一个出于拉丁文的名词,原意为很小的度量),如果它们的差可以被一个非零整数 m 整除的话。换一种说法便是:如果两个整数除以 m 时有着相同的余数,就称它们是对模 m 同余。高斯用三条平行短线作为同余符号,这个符号目前仍在使用:$a \equiv b$(模 m)。非同余则可以记为:$a \not\equiv b$(模 m)。

例如,17与52对模7同余,因为它们在被7除时,余数都是3。用另一种方式来表示,$52-17=35$,即 7×5。如果把乘数称为 k(对这个例子来说,k 是5),a 是较小的整数,则 $b=a+km$,这里 m 为模,而 k 为某个整数。一般的算术与代数里的许多运算法则(例如加、减、乘、除)都适用于同余式的操作。

余数称为剩余。对每个模 m,存在着 m 个"剩余类"。最小的模2可以把偶数和奇数区别开来。一切偶数与0同余(模2),且有无限多的剩余类…,-4,-2,0,2,4,…一切奇数则与1同余(模2),且有无限多的剩余类…,-3,-1,1,3,5,…对$m = 3$来说,剩余为0,1,2。它有3个成员数为无限多的剩余类(模3),而对数值更大的m,也可依此类推。

正如高斯所阐明的,他的同余代数为许多可除性准则提供了十分简单的证明,这些准则足以判定一个数能否被一个已知数整除(以下的"数"均指"整数")。例如,n当且仅当它的各位数字之和与0同余(模3)时可以被3整除。类似地,n与0同余(模9),当且仅当其各位数字之和与0同余(模9)。数n与0同余(模4),当且仅当其最后两位数字构成之数与0同余(模4)。数n与0同余(模8),当且仅当其最后3位所成之数与0同余(模8)。数n与0同余(模11),当且仅当其偶数位上各个数字之和与奇数位上各个数字之和的差值与0同余(模11)。

同余代数导致一些重要的素数定理的发现,也简化了证明它们的方法。例如,在素性测试中很有用的费马小定理,其说法是,如果一个数a被自乘到$(p-1)$次方,这里的p是一个不能整除a的素数,则其结果除以p的余数永远为1。若采用高斯的术语,便是$a^{(p-1)}$与1同余(模p)。一个数自乘到素数减1次方,结果可以有几十亿位,远远超出了计算机的运算能力。然而我们知道,只要把这个无法打印的大数减去1,所得之结果一定可以被那个素数正好除尽。

另一个同费马小定理有密切关系的结果被称为威尔逊定理。如果你从1开始,把连续数统统乘起来,一直乘到素数p的前一个数为止,显然这个连乘积一定可以被p以下的一切数整除,但却不能被p本身除尽。可是,倘若你在该乘积之上再加1,嗨,这下子,结果却居然成了p的倍数。例如,$1×2×3×4=24$,它是不能被下一个数5整除的,5是个素数。然而,$24 +1 = 25$,它却是5的倍数了。利用阶乘与同余记号，威尔逊定理便可写成$(p-1)! + 1 \equiv 0 \pmod{p}$。

其实，莱布尼茨已经知道这个定理，但它后来又被一位英国学者威尔逊（John Wilson）重新发现。华林（Edward Waring）在1770年出版的一本代数书里将它归功于威尔逊，并且声称该定理的证明是极其困难的，因为那时数学家们没有好的素数记法可用。后来，高斯知道这话时，他却认为，对证明而言，人们需要的不是**记法**而是**观念**。威尔逊定理在素性测试上是一个了不起的准则，不幸的是，它在计算机搜索大素数时却派不上什么用场。

借助于模数理论，数论中数以千计的基本定理得以简练表达，它们的证明变得十分容易与巧妙。在这些定理的基础上，发展出了无数的趣题、怪题。在此不妨略举一例。有位骰子制造商用很大的立方体箱子装满了这种商品运到批发商那里。为了检验产品中可能存在的缺点与次货，批发商从立方体大箱子里拿下了一排骰子去做测试，测试过的骰子全都损坏了。余下来的骰子全部换成小包装，每只小盒子盛放六枚骰子。现在要问你，在重新包装后，将剩下多少枚骰子？令人惊奇的是，不论原来的箱子多大，一枚骰子都不会剩下。这可以由同余定理$n^3 - n \equiv 0 \pmod{6}$直接推出。

下面的问题可以说明同余代数在提供难题解法上的威力（我是在戈特利布（Allan Gottlieb）的"难题征解角"上发现它的，见1978年5月《技术评论》）。要求你证明如下奇妙的定理：任意一个整数都会有一个形式怪异的倍数，前面全是清一色的1，后面跟着0。你怎样去证明它呢？解法不止一种，其中有一种办法是：列出一串"清一色"的数，从1开始，接着是11，111，1111，11 111，…一共写出n个数。这些数用n去除时，所有可能的余数当然有n个。然后，在这n个清一色数的数列里，再加上一个。根据鸽巢原理可知，在此系列中，至少有两个数将会有相同的余数，也就是对模n同余。由于

对模 n 同余的两数之差一定是与 0 同余（模 n），这就意味着，差数必为 n 的倍数。于是，我们只要在这对同余的"清一色"数目中，用较大的一个数减去较小的一个数，其结果便符合题目的要求了。

为了让大家更好地理解上文，让我们来寻找一个形为 111…0 的 7 的倍数。前面 8 个清一色的数为 1，11，111，1111，11 111，111 111，1 111 111 以及随后加上一个 11 111 111，它们的剩余（模 7）分别是 1，4，6，5，2，0，1，4。因为这里有 8 个数，我们可以肯定，至少有两个数对模 7 同余，在本例中就有这样的两对，其中较小的一对为 1 与 1 111 111，它们的差为 1 111 110，即 7 × 158 730。它就是我们所要寻求的，具有特定形状的最小数。

对绝大多数文明来说，时间的度量也谨守模数制。我们测量时间采用的是模 12 算术。如果现在是 3 点钟，我们需要知道 1000 小时后是几点钟，我们只要把 1000 加到 3 上，然后再用 12 去除 1003，其余数 7 便是我们的答案。由于时钟是模数制中如此众所周知的一例，因而中小学老师在介绍数的同余时，总是喜欢称之为"时钟算术"。

许多历法问题一旦用了同余公式就可以迎刃而解。高斯本人就有个快速算法，只要说出年、月、日，立即就可判定星期几。另外，高斯还给出了一个计算复活节日期的算法。按照基督教的《福音书》，耶稣的复活发生在春天的第一个满月后庆贺犹太逾越节的那个星期中星期日的早晨。由于早期的基督教信徒们希望保持逾越节祭祀与基督殉难之间的象征性联系，从而在尼西亚的第一次政务会（公元 325 年）上明确规定复活节定为春分后第一个满月后的第一个星期日。不幸的是旧的儒略历把一年搞得比真正的"回归年"略为长了一些，因而春分点的日期慢慢向后爬行，从 3 月 21 日逐渐向 4 月份推迟。

教皇格里高利十三世在 1582 年宣布改历，引入现行历法，他这样做的

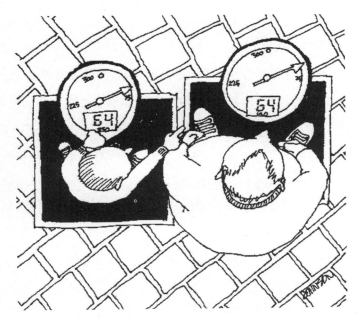

图 4.1

意图主要便是想把复活节恢复到春季。在中世纪,计算复活节的确切日期居然被视为数学对自然规律的最重要应用之一,这样的评价实在是可悲之至。

在儒略历与格里历两种历法中,确定复活节日期的高斯算法都非常复杂,需用特殊规则加以修正,还得注意一些例外情况。倘若所关心的时段,只限于1900到2099年(包括两个端点的年份在内),那就有一个简易的方法可用,而且没有例外。方法的设计者为格拉斯哥的奥贝恩(Thomas H. O'Beirne),首次发表在他的论文《复活节的规律性》中(《数学及其应用研究所简报》,第2卷第2期,46—49页;1966年4月)。奥贝恩发现,他记住这套规则后,完全可以通过心算,算出在规定时段内任何一年复活节的日期,从而在聚会上作为一项特殊才能来表演。

奥贝恩的算法可以简要地总结在图4.2中。复活节总是落在3月或4月,最早的日期为3月22日,距今最近的是在1818年(该年的那一天正逢月圆),在2285年之前这样的事情不可能再次出现。复活节最晚的日期是4月25日,距今最近的是在1943年,在2038年之前不会再次出现。你可以亲自按照奥贝恩的算法去算一下,看一看1980年的复活节是否真的在4月6日,1981年在4月19日,而1982年在4月11日。在所有的复活节日期中,出现得最多的是4月19日,而4月18日位居第二。

1. 设年份为 Y,从 Y 中减去1900,令其差为 N。

2. 将 N 除以19,记余数为 A。

3. 把 $(7A+1)$ 除以19,忽略余数,并记商数为 B。

4. 将 $(11A+4-B)$ 除以29,记余数为 M。

5. 将 N 除以4,忽略余数,并记商数为 Q。

6. 将 $(N+Q+31-M)$ 除以7,记余数为 W。

7. 复活节的日期是 $25-M-W$。若结果为正数,则在4月。若为负数,则在3月(0理解为3月31日,-1 为3月30日,-2 为3月29日,照此类推,直至 -9 理解为3月22日)。

图 4.2

无数魔术、戏法,尤其是涉及扑克牌与数字的,都立足于同余原理,其中有许多已经在我的《科学美国人》专栏上讲到过。不过,下面的一个戏法以前我倒没有说过,其依据为以下事实,即整副扑克牌中52张牌的面值之和为 $364\equiv0\pmod{13}$(J视为11点,Q视为12点,而K视为13点)。表演时,可以先让人洗牌,然后拿走一张牌,不要让任何人看到牌的花色与点数。然后重新洗牌,让你把每张牌扫一眼。奥妙的是,你马上就能正确地说出拿走的那张牌的花色与点数。

魔术家们为这一戏法设计了许多算法,但对我说来,下面的一个办法似乎最容易。在你匆匆把牌看上一眼时,你必须用心算迅速求和,窍门是弃去13。换句话说,一旦和超过13,你就得减掉13,把差数记在心中。上述任务又可通过下面两条规则而得到大大的简化:

1. 放过所有的K,因为它们的面值13是与0同余的(对模13而言),从而不会影响你心中默记的数目。

2. 对于10,J,Q,不必去加上10,11,12,而只要分别减去3,2,1。这条规则反映的事实是,在模13的体制里,10与-3同余,11与-2同余,12与-1同余。

在翻看过最后一张牌之后,就可以用13减去你脑子里记住的数,从而得出被抽走的那张牌的面值。若结果为0,那张牌必为K。

你又是怎样猜出牌的花色呢?一个好办法是用你的脚去执行诡秘的模2算术。开始时,两只脚都平放在地板上。遇到一张黑桃牌时,要抬高或放下你的左脚跟。遇到梅花时,抬高或放下你的右脚跟。遇到红心时,你得同时改变两只脚的姿势。而遇到方块时,你可以完全置之不理。在完成重新洗牌并过目后,你的两只脚的状态就会告诉你,被抽走的那张牌的花色了。

——只是左脚跟抬起时,抽走的牌是一张黑桃。

——只是右脚跟抬起时,抽走的牌是一张梅花。

——两只脚跟都抬起时,抽走的牌是一张红心。

——两只脚跟都落地时,抽走的牌是一张方块。

经过一些练习之后,你会令人惊讶地熟练掌握这种戏法,很快地说出被抽走的牌的点数与花色。

魔术家赫默(Robert Hummer)一直致力于发明数学戏法,他的许多创造是建立在模2算法即奇偶原则上的。下面我将第一次发表一套神秘的、能够预知未来的卡片,堪称赫默的最富魅力的玩意儿之一。

首先,你要做一套卡片,共计7张,如图4.3所示。把它们复印下来,粘贴在硬板纸上,然后剪下来。它们的用法如下:

允许你每天向西方的邪恶女巫①提一个问题。倘若你喜欢的话,当然也可以多提几个问题,但答案的可信度就没有办法保证了。每个答案只能适用于提问当日以后的7天。首先,你得挑出那张问题卡片,把它放到一边。然后把剩下的6张卡片搅乱,洗牌,拿在一只手里,牌面向下。接着,你要在这一叠牌的上面不断挥舞手臂,嘴里低声说出神秘的、能预知未来的咒语:"卜沙法·塔果"(Puthoffa Targu)。

在这叠卡片中取出上面的两张,看一看图中帽子的颜色是不是一样(黑帽子还是白帽子),颜色一致的话,就把卡片放在一边,形成一叠。如果

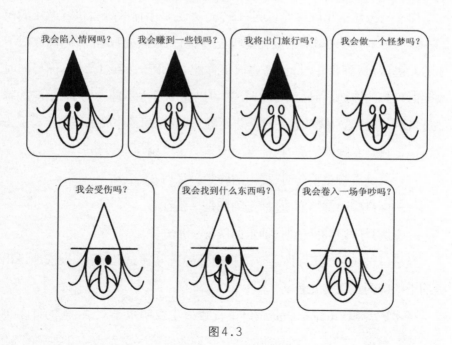

图4.3

---

① 《绿野仙踪》中的角色。——译者注

颜色不一致,就丢弃。下面两张同样如此。帽子颜色一致的,就放在第一叠上。帽子颜色不一致就丢弃。最后剩下的两张卡片照样重复以上步骤。现在,计算一下帽子颜色相符的卡片对数,可能的数目为0,1,2或3。记下得数,将它作为三位数的首数。

收拢6张卡片,重新洗牌、念咒语,然后重复上述步骤,不过这次是要查看卡片上的眼睛是否一致了。这道程序完成后,记下眼睛一致的卡片对数,把它作为三位数的第二位数。

第三次,也是最后一次,重新洗牌,一如既往地诵念咒语,一对又一对地查看卡片,但这一次应该查看表情,是在微笑,还是皱眉头?接着,依旧核算表情相同的卡片对数——要记住,应查看的是对数,而非卡片张数——从而得出你那个三位数的最末一位数。

在图4.4中找到你的数,读出答案。尽管你的三位数的各位数字都是随机得来的,可是你将会惊奇地发现,得到的答案恰好同所提的问题非常协调。

如果你想向邪恶女巫再提一个"对或错"的问题(卡片上所没有的),你也可以这样做,但此番你必须用上所有7张卡片。过程同以前一样,先看帽子,再看眼睛,最后看表情。不过,此番你必须放两叠卡片,相同的放一叠,不同的放一叠,最后一张卡片可以不去管它。然后从较多的一叠卡片数里减去较少一叠的卡片数,记下这个差数。这样做了3次之后,你就将得到一个三位数,它会给出你所提问题的答案。

000   你将梦见一位亲戚。

001   你将在电话上与人争辩。

002   你会梦见大象。

003   你会同管道工发生口角。

010 你将找到一只遗失的戒指。

011 你说的有些话可能对你有害。

012 你将发现天气很糟糕。

013 要警惕脚部受伤。

020 你将梦见一位老朋友。

021 是的,但它将是一场不是由你挑起的战斗。

022 你将梦见一架飞机。

023 倘若你能不发脾气,那就不至于如此。

030 你在街上会发现一枚钱币。

031 在刮脸或腿上去毛时刮出一个小口子。

032 在一件旧浴衣的口袋里,你会找到一个遗忘的东西。

033 不,但你将伤害其他人。

100 不至于吧,因为你知道欺诈是非法的。

101 你将到酒店走一遭。

102 通常的分量就足够了。

103 你将上南方去作一次短途旅行。

110 你会爱上一只猫。

111 也许会吧。

112 你将在一个自助洗衣房里爱上一位陌生人。

113 绝对不可以。

120 一张意料之外的支票将会邮寄过来。

121 你将被一听啤酒绊倒。

122 不会多于1000美元。

123 你将去拜访一位乡下朋友。

130 你将会爱上一辆新车。

131 绝对是的。

132 你将爱上一位房地产经纪人。

133 愚蠢的问题。

200 你将梦见自己是一只飞鸟。

201 你从来不吵架。

202 一个噩梦将使你在半夜里惊醒。

203 你将同一位老朋友争吵。

210 你将寻到一把丢失的钥匙。

211 下一个七天里不会有任何伤害,但要谨防第八天。

212 你将发现你的床上有一样讨厌的东西。

213 当心有人对准你的鼻子打一拳。

220 你将梦见椰子饼。

221 避免在公共汽车上同人家争吵。

222 你将梦见一个飞碟。

223 当心!不要和名叫哈维的人作对。

230 你将发现这个把戏很迷人。

231 这一周站在叉梯上很危险。

232 你将发现明天的新闻令人不安。

233 爬楼梯有危险。

300 是的,有大把大把的钱。

301 整整一星期内,你不会离开你的邻居。

302 恰恰相反,你会丢失一些钱财。

303 在你的想象里,你将有一次非凡的旅行。

310 你不会因为想改换口味而同别人谈情说爱。

311 你同我一样,也能回答那个问题。

312 在娱乐圈里,你将由于某人而栽筋斗。

313 你想同谁开玩笑?

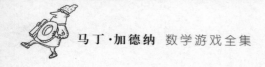

320 是啊,但大部分都得拿去交税。

321 是嘛,但你不见得会欣赏这次旅行的。

322 有一点,但你很快就会花得精光。

323 你将乘飞机长途旅行。

330 你将两度陷入情网。

331 我不知道。

332 你将失意地离开情场。

333 提出这样的问题来,你应感到羞愧。

图4.4

也可以设计出张数更多的卡片以回答更多的问题,卡片数必须是2的某个乘幂减去1。1980年,富尔凡斯(Karl Fulves)出版了一本书,名叫《鲍勃·赫默的秘技汇编》,收集了所有已知的赫默戏法。在这本书的第77页,讲到一套15张的算命卡片,每张卡片有4样特征可供匹配,对应着算命书(不提供!)上的 $8^4 = 4096$ 个答案。我在此处留给读者思考,为什么答案总是与问题十分协调?

在本章的开头,我曾引用过一首五行打油诗来介绍同余概念,作为结束,我想再引用麦克莱伦(John McClellan)的一首诗,他是住在纽约州伍德斯托克市的一位艺术家,终生爱好趣味数学与字谜:

名叫格蒂的老太年已八十,

有个男朋友伯蒂也有六十。

她郑重其事地告诉他,

按模数50的算术,

她才只有芳龄三十。

●━━━━━━━ 补　遗 ━━━━━━━●

　　如果有任何读者对我杜撰的、能未卜先知的神秘咒语"卜沙法·塔果"感到迷惑不解，我可以直截了当地告诉他，那不过是存心开玩笑，把两个人的姓名加以窜改而已。这两个人叫卜沙夫(Harold Puthoff)和塔尔格(Russell Targ)，是斯坦福国际研究所的两位科学家，曾经"肯定"过盖勒(Uri Geller)[①]的心灵力量。后来他们脱离了该研究所，分道扬镳，但还是坚定地信仰超感官知觉、意念致动、未卜先知等等所谓"特异功能"的真实性。

　　戈尔茨坦(Phil Goldstein)，艺名为麦文(Max Maven)，曾经在1918年向市场推出一套算命卡片，名叫"混合的感情"，实质上不过是赫默女巫卡片的巧妙变身。它一共有7张卡片，附有一本333个答案的小册子，名为《罪恶之书》。

　　在立足于同余概念的数以百计的数学卡片戏法中，最出色的是一套五张卡片。它们都被撕成了两半，可以通过洗牌来作随机处理。你们将会发现，它所描述的戏法同我的《狮身人面像之谜》(美国数学协会1987年出版)[②]中的第5则谜基本类似。魔术家们已为它设计了各种变种，全是换汤不换药的玩意儿。

　　当我提到4月19日是出现得最多的复活节日期时，我所依据的是已公布的时段较短的资料。有些读者用计算机查对了比奥贝恩的1900年到2099年这一区间更长的时间。他们发现，3月31日，4月12日与4月15日三足鼎立，各不相上下。林肯(Thomas L. Lincoln)猜想如果历时更久，把目前的推算法则推广到遥远的将来，那么4月19日将会是最终出现得最多的复活节日期。他的猜想被许多读者证明为正确无误，这些读者不厌其烦，他们把测算推向极为遥

─────────────

　　① 美国著名的"通灵人"，多年前一度名气很响，后被斥为"伪科学"，逐渐销声匿迹。——译者注

　　② 这是马丁·加德纳先生的一部力作，备受美国数学协会青睐，但迄今无中译本。——译者注

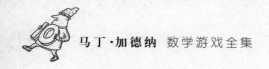

远的未来岁月，发现4月19日的确是最为常见的复活节日期，而3月22日则是
出现得最少的日子。

第 5 章
拉维尼娅寻找公寓及其他趣题

1. 拉维尼娅寻找公寓

　　小镇上有一所大学,拉维尼娅在那里读书。镇上有一条林荫大道,名叫大学路,由图5.1所示的直线来代表。路上有11幢房子(自 A 至 K),她的11位好朋友分别居住在那里。

　　拉维尼娅以前一直同父母住在附近的城镇,但她现在想搬到大学路上来住,打算在街上的 L 处找一间公寓, L 的所在位置必须使她到11个好朋友家的距离之和为最小。假设在合适的地点确实有房可租,试问,拉维尼娅应搬到何处居住,并证明该处确实可使距离之和为最小。

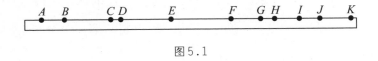

图5.1

2. 镜面对称立体

　　平面图形的对称轴是一条直线,可以把图形分成全等的两个一半,彼此互为镜像。例如,扑克牌里的红心就有一根对称轴,黑桃与草花也是这样,然而方块却有两根对称轴。正方形有四根对称轴,正五角星有5根对称轴,圆有无限多根对称轴。卍字形与太极图上的阴阳符号则没有对称轴。

平面图形如果至少有一根对称轴，则被认为可与其镜像重合。这就是说，如果你在一面竖直放置的镜子中看图形，镜子的底边安置在水平面上，你可想象图形也进入了镜子中，如有必要，还可在平面上转动，以便同它的镜像重合。不过，不允许你在平面上把图形"翻身"，因为，那将要求它在第三个维度中作旋转。

所谓对称平面是指一个平面，它把立体图形分成可以全等的两半，其中的一半是另一半的镜像。一只咖啡杯有着唯一的对称平面。埃及大金字塔有四个对称平面。立方体有9个，其中3个平行于相对的一对面，另外6个则穿过相对的一对面的对应对角线。圆柱与球都有着无穷多的对称平面。

设想一个立体被对称平面一分为二，如果你把其中的一个置于镜子前面，将分割它们的截面紧贴玻璃，那么镜中之像与被分割的一半就会恢复为原来物体的形状。有着至少一个对称平面的任何物体，必要时都可通过一个合适的空间旋转，使它与镜像叠合。

在我的著作《左右皆宜的宇宙》（查尔斯·斯克里布纳之子公司，1979年出版）的第19页曾讨论过这类问题。当时我曾断言，没有对称平面的三维物体（例如螺旋体，默比乌斯带，或者用封闭绳索打成的单结）都不可能做到与其镜像叠合，除非通过一个四维空间的转动，将它翻一个身，但这纯属幻想，自然是做不到的。

然而，我的上述断言实际上是错的！正如那本书的很多读者所指出的那样，确实存在着一些完全缺乏对称平面的物体，只要通过普通空间内合适的转动，就可以同它们的镜像重合。事实上，有一个极简单的物体就能办到，你可以用一张方方的纸头把它折出来。你知道它的折法吗？

3. 损坏的被单

图5.2所表示的被单尺寸为9×12,原先是由108个单位正方形组成的,由于中心部分已经破损,必须拿掉如图所示的8个单位方格。

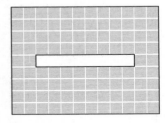

图5.2

问题如下:沿着方格线把被单剪成两块,使它可以缝成一条10 × 10方格的被单。新被单当然不能有洞,剪裁的任一部分都可以转动,但不能翻身,因为被单的正反面不能匹配。

虽然这是个老问题,问题的知名度也不高,但解法极妙,我经常收到许多不了解该问题出处的读者来信。即使不要求沿着方格线裁剪,问题的解答仍然是唯一的。

4. 锐角三角形与等腰三角形

锐角三角形是指每一个内角都小于90度的三角形。把一个正方形分成若干个锐角三角形,要求个数最少,究竟应当怎样分?

回想起来,我碰到这个问题大约是在20年前。我解决了它,办法是分成8个锐角三角形,见图5.3的上图。我曾在自己的专栏里报道过这一结果,并在自己的一本著作《剪纸与棋盘游戏》中,作为该书的第3章重新刊出。当时我说:"我一直以为9个锐角三角形是问题的答案,但我忽然想到了一种把它缩减为8个锐角三角形的具体办法。"

从那以后我收到了许多热心读者的来信,他们未能找出分成9个锐角三角形的办法,但却指出,可能存在分为10个或更多个锐角三角形的方法。图5.3的中图便是分成10个三角形的方法。请注意,钝角三角形ABC

69

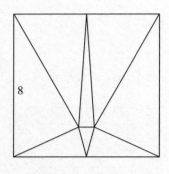

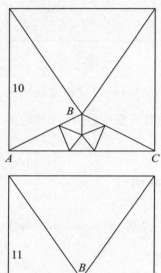

图5.3

借助于具有5个锐角的五边形而分成了7个锐角三角形。如果钝角三角形*ABC*现在由*BD*分成了一锐、一钝两个三角形,则如图5.3的下图可知,我们可以照搬上述办法,把钝角三角形*BCD*分成7个锐角三角形,这样一来就把正方形分成了11个锐角三角形。重复上述过程,我们可以产生12,13,14,…个锐角三角形。

显然,最难的是9个锐角三角形的分法。尽管如此,问题还是能够解决的。

把图形分成许多互不重叠的三角形,还有许多类似的问题,但我只想提出其中的两个。把正方形分成任意偶数个面积相等的三角形做起来相当容易,但能否把正方形分成奇数个面积相等的三角形呢?答案竟是否定的,实在令人惊讶。迄今据我所知,第一个给出证明的人是蒙斯基(Paul Monsky),见《美国数学月刊》第77卷第2期,161—164页;1970年2月)。

另一个令人惊奇的定理是:只要*n*大于3,任一三角形可以分成*n*个等腰三角形。由萨尔瓦托雷(Gali Salvatore)作出的证明出现在《数学十字架》上(第3卷第5期,134—135页;1977年5月),由洛德(N. J. Lord)作出的另一个证明则发表在《数学公报》上(第66卷,136—137页;1982年6月)。

令人尤感兴趣的是正三角形的情形。很容易把它分割为4个等腰三角形(全等)或3个等腰三角形(某些三角形不能分割成3个或两个等腰三角形,这就是定理必须要求 n 为4或更大数的缘故)。你能把一个正三角形分成5个等腰三角形吗?我可以告诉你各种分法:5个三角形都不是等边的,有一个是等边三角形,有两个是等边三角形的。至于有两个以上的等腰三角形全等,则是不可能的。

5. 用日元硬币作测量

此题来自日本东京的一位读者松山三野,他送来不少日本的一日元硬币,并告诉我以下一些轶事,即使在日本也并非尽人皆知。这种一日元的硬币完全由纯铝制造,半径正好一厘米,重量正好一克。因此这些送来的日元硬币可用于在天平秤上确定微小物体的克数,也可在平面上确定距离的厘米数。

容易看出怎样把一日元硬币排成一直线以测量厘米数为偶数的距离,例如2厘米,4厘米,6厘米等等。那么,能不能利用它们也来测量奇数的厘米数(1,3,5厘米等等)呢?请通过图解来说明怎样利用充分供应的一日元硬币来测量直线上数值是整数厘米的一切距离。

6. 一种新的地图着色游戏

我手里的这个问题来自其发明者布拉姆斯(Steven J. Brams),他是纽约大学的一位政治学者,也是好多本书的作者,例如《博弈论与政治》(1975年)、《政治中的悖论》(1976年)、《总统选举的博弈》(1978年)。他的《圣经中的博弈故事》(麻省理工学院出版社,1980年)尤其令人注目。它把博弈论应用于《旧约》中的许多带有博弈性质的传说故事,而且其中的一位局中人竟是无所不能的上帝。在这本书之后,他还有许多佳作,例如:《超人:如果他们真的存在,我们从何得知?》(1983年)、《合理的政治》(1985年)、《超级大国的博弈》(1985年)、《谈判中的博弈》(1990年)、《行动论》(1994年)。他的最新著作是同泰勒(Alan D.Taylor)合写的《公平分割》(1996年),讨论的是分切蛋糕以及其他的公正分配问题。

假定我们在平面上有一张有限而连通的地图,还准备了 n 支不同颜色的蜡笔。先走的一方叫作"用色最少者",可以选取任一颜色的蜡笔,在地图上的任一区域涂上颜色。后走的一方称为"用色最多者",可用任一颜色蜡笔在另一区域涂色。这样双方轮流,涂色时必须严格依照制定的规矩:有共同边界的两个区域不能涂上同一颜色,但若两区域之间只有点状的接触,则不在此限。

"最少者"力图避免用 $n+1$ 种颜色的蜡笔来完成地图着色,而"最多者"则迫使对手非用 $n+1$ 种颜色的蜡笔不可。如果双方用 n 种颜色的蜡笔都无法完成地图着色,那么"最多者"就算赢了。如果用 n 种颜色可着完,那就算"最少者"获胜。

微妙而困难的问题是: n 最小应该取几,才能使"最少者"在任何地图上玩此游戏,总能取胜?假定双方都玩得最好。

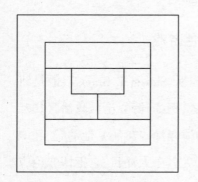

图5.4

为了把问题说得更清楚,考虑图5.4中的简单地图。它表明, n 的值至少为5。当然,如果不玩游戏,用4种颜色就足以轻易地完成地图着色,任意平面上的地图都是如此(这就是著名的四色定理,现已知是正确的)。但如果把地图用来做布拉姆斯游戏而只有4种颜色可以提供,则用色最多者总有办法迫使用色最少者使用第5种颜色。如果有5种颜色可供，则用色最少者一定会赢。

布拉姆斯猜想 n 的最小值为6。已知找到一种地图，限定5种颜色，用色最多者一定可以赢。你能制作这种地图并给出用色最多者的取胜策略吗？请记住，用色最少者要先走，而且任何一方如果现有颜色已经够用，就决不会产生冲动去用一种新的颜色。

7. 惠姆游戏

霍夫施塔特(Douglas R.Hofstadter)在其荣获普利策奖的杰作《哥德尔、艾舍尔、巴赫》[①]一书中引进了"自我修改游戏"的概念。这种游戏极为奇妙，它允许局中人在轮到他走时，可以不按规则走棋，而自行宣布一项新的游戏规则，从而对原来的游戏进行修改。新规则称为"超级规则"，而修改超级规则的规则称为"超超级规则"……霍夫施塔特给出了国际象棋的一些例子。棋手不去走棋，而是宣布此后，任何棋子都不准落进棋盘的某一格子中或者骑士(马)的走法与传统走法略有差异，乃至遵循在一张表格中列出的任何其他超级规则。

上述做法其实并非创新。早在1970年之前，康韦就提出过一种异想天开的游戏，它是尼姆游戏的能自我修改的变种，康韦称之为"惠姆"(Whim)游戏。所谓"尼姆游戏"，是一种用筹码来玩的两人博弈。筹码可分成若干堆，每堆有若干筹码，个数不限。两位对手轮流取筹码，每人每次可从任一堆中取走一个或任意多个筹码。在正常的尼姆游戏中，取到最后一个筹码者获胜，但在反常尼姆游戏中，拿到最后一个筹码的是输家。尼姆游戏的一

---

① 美中译本《哥德尔、艾舍尔、巴赫：集异璧之大成》，商务印书馆，1997年5月版。——译者注

套策略早已为人熟知。你可以从我的著作《悖论与谬误》^①（西蒙与休斯顿公司，1959年出版）讲述尼姆游戏的有关章节中查到。

惠姆游戏开局时，并未决定是正常型的还是反常型。但在游戏进行中的任何时刻，双方都可以当众宣布游戏是正常型还是反常型。这种宣布称为"惠姆行动"，只能有一次，此后，游戏的类型就定下来了。众所周知，不论属于正常型还是反常型，尼姆游戏的策略是基本相似的，只是在临近结局时才有所差异。正由于如此，所以你兴许认为惠姆的最优策略也很容易分析。但只要试过几次，你们就会发现，事情绝非看上去那样简单！

设想你在开始玩的时候，堆数不少，每堆的筹码也很多，而当时的局势对你来说是"输"的一方。于是你可以立即宣布"惠姆行动"，这样一来，局势不变，而你却从输家变为了赢家。不过，设想你先走，局势对你来说是个赢家。然而，你却迟迟不敢走出可以取胜的一步，因为你担心对方会使出撒手锏，宣布"惠姆行动"，把输的局势丢给你。因而你只能去走在正常尼姆情况下必输的一步。同样理由，你的对手也将走一步输着。当然，如果有一方不走"输"着，另一方就将采取"惠姆行动"而转败为胜。

当游戏进行到将近收尾时，局势可能会演变到临界状态。正常与反常尼姆游戏的分叉点即将到来。为了取胜，可能要召唤"惠姆行动"了。这种临界状态是怎样决定的呢？如果双方都玩得很好不出纰漏，那么在游戏开局时又怎样决定谁是赢家呢？康韦的办法很容易记住，但正如他曾经说过的那样，即使是尼姆游戏造诣很深的人，也很难猜到最优策略究竟是什么。

---

① 见《悖论与谬误》，马丁·加德纳著，封宗信译，上海科技教育出版社，2020年。——译者注

补　遗

捷尔特斯(Thomas Szirtes)对拉维尼娅租房问题作了以下评注:"解答之所以有趣是因为它有违于人们的直觉。根据规律,有着最小距离和的地点不取决于各点的相对距离,甚至绝对距离对之也不起作用。例如,人们一般都认为,如果最右边的点 K 远在 100 英里[①]之外,它似乎应该把最小距离之和的点'拉'到右面去。但情况却不是这样,即使 F 右侧所有的点都移到无穷远处,而 F 左方的各点都向 F 点无限趋近,那个最小距离之和的点仍然落在 F 处!"

我用图解的办法说明了怎样把一张正方形的纸沿着四条边斜着折叠成一种虽然没有对称平面,却可以同它的镜像叠合的图形。衣阿华州卡里斯勒镇的施温克(Paul Schwink)以及哥本哈根的海因都向我指出,没有必要搞得如此复杂,只要折叠一双对边,一个向上,一个往下,即可得出同样结果。

破损被单问题引起了一系列推广。在所给问题中,如果矩形是像棋盘格那样黑白相间,那么 10 × 10 的正方形将无法保持。我花了好几天工夫研究边长为 n 的正方形,以及与之有关的边长为 $(n-1)×(n+2)$ 的矩形,破洞为 1 × $(n-2)$,平行于矩形较长的一边,而且尽可能位于中间。假定矩形也是像棋盘那样黑白相间。读者斯托特(Eric Stott)问我,沿着格子线裁剪,最少要裁成几块,才能缝制成同样黑白相间的正方形被单?

考虑图 5.5 所示的矩形,我发现它最少要剪成 3 块,然后才可以缝制成一块标准的棋盘式被单,见图 5.6 的上图。把它推广到偶数边长的正方形是显然可行的。若正方形的边长为奇数,则必须区别两种不同情况: $n \equiv 1$(模 4)与 $n \equiv 3$(模 4)。其实例见图 5.6 的中图与下图。它们同样也是易于推广的。

能不能减少到只要剪成两块呢? 那是不可能的;至于裁剪成 4 块再拼起

---

① 1 英里相当于 1609.34 米。——译者注

图 5.5

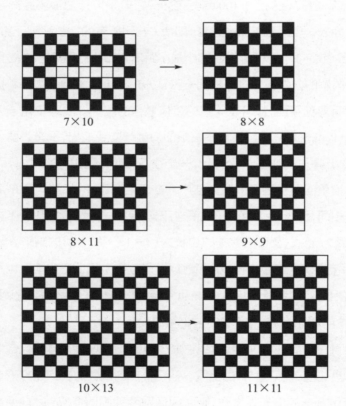

图 5.6

来,则办法很多,而且不难找出。所有裁剪成3块的解法,我相信不能避免不对

称块的镜面反射。

把正方形分割成最少个数的锐角三角形,此问题也引发了许多伴随问题,

76

例如把正方形分成直角三角形、钝角三角形以及不等边三角形等。就直角三角形而言，平凡解是两个三角形，而就不等边三角形而言，很容易找到分成3个三角形的办法。图5.7给出了把正方形分割成6个钝角三角形的解法，我相信它是最少的。

一个正三角形究竟能分成多少个正三角形呢？分成2个与3个是不可能的，分成4个则显而易见，分成5个不可能，5个以上则是做得到的。

布拉姆斯的地图着色游戏导致纽约市信息公司的一位数学家海伊（Robert High）发现了某些惊人的结果。让我们把先走的一方叫做Min（企图用最少颜色来完成着色任务），后走的一方称为Max（试图用色最多）。我曾给出过一个6区域的地图，而Max能迫使Min非用5种颜色不可。海伊则发现了一种立方体的投影，从而找到了一种更简单的非用5色不可的6区域地图。Max所采取的策略简单之至：在每次轮到他走时，只要在Min最近一次着过色的对面使用一种新的颜色。

我曾给出的非用6色不可的地图——一个十二面体骨架的投影。海伊发现，如果立方体的4个角用三角形取代，如图5.8所示，则其投影就会得出一个

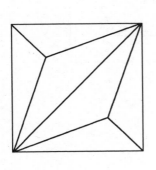

图5.7

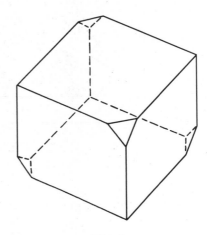

图5.8

77

只含10个区域的地图,从而Max一方可迫使对方用上6色才能完成任务。不过,这种策略没有十二面体的12区域地图那样简洁,在这里不便加以说明,只得从略。

令人最为惊讶的是海伊所发现的一个20区域的地图,Max足以迫使对手不用7种颜色就不能解决问题!设想四面体的每个角都代之以三角形,然后所得的12个新的角又都换成三角形。图5.9就是所得多面体在平面上的投影。相应的策略当然比海伊的10区域地图更加复杂,但他在信中送来了一幅完整的博弈树图,足以说明问题。海伊猜想,此外不会再有平面地图足以让Max迫使对手非用7色以上了,但此项猜想有待证明,目前仍是悬而未决,甚至有可能没有最小上界。

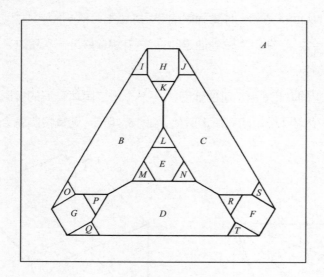

图5.9

答　案

1. 拉维尼娅寻找公寓

先考虑最外面的两点 A 与 K。在 A,K 之间的任何一点 L（也包括两点本身在内）到 A,K 的距离之和都相等。如果 L 不在 A,K 之间，那么距离和就将大些。现在考虑 B 与 J，即你向里面移动时所遇到的下一对。同以前一样，为了使 L 到 B,J 之距离之和最小，L 必须在 B,J 之间。由于 L 也在 A,K 之间，所以它与 A,K,B,J 的距离和必然为最小。

继续下去，沿着直线往里走，进入新的嵌套区间并取出成对的地点。最后一对是 E,G，在它们中间只剩单独的一点 F 了。除 F 之外，在 E,G 之间的任一点都能使距离之和为最小。显然，如果也想使到 F 点的距离最小，此点当属 F 点无疑。总之，拉维尼娅应搬进她的朋友弗兰克的同一建筑去住。

将上述结论推广到一般情形，如果直线上有偶数个点，则在中间两点之间的任何一点，到所有各点的距离之和为最小。若直线上有奇数个点，则中间的一点即是所求的点。此问题出现在布查特（H.Butchart）与莫泽合写的《请勿使用微积分》中（《数学手稿》，第18卷，第3—4期，221—236页；1952年9—12月）。

2. 镜面对称立体

图5.10给出了怎样用一张方纸折成这种立体的办法。尽管它没有对称平面，但可以叠合在它的镜像之上。这种图形称为"镜像旋转对称"，这种对称型在结晶学上极为重要。此例取自舒布尼科

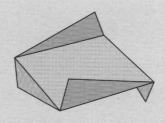

图5.10

夫(A.V.Shubnikov)与科普齐克(V. A. Koptsik)合著的《科学与艺术中的对称》一书的第42页(普林诺姆出版社,1974年版)。

3. 破损的被单

图5.11表明怎样把破损的被单剪成两块,拼补成没有洞的正方形被单。本问题即英国数学游戏专家杜德尼的名著《奇妙的趣题》(托马斯·纳尔逊父子公司,1931年版)书中的第215题。

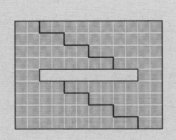 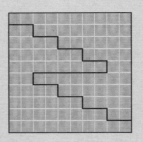

图5.11

4. 锐角三角形与等腰三角形

图5.12说明了把一个正方形分成9个锐角三角形的方法,解法是唯一的。如果三角形的分割按拓扑意义来取,即顶点不允许处于三角形边上,则不存在9个三角形的分解法,但存在着一个分

成8个三角形的解答,分成10个或更多三角形也有解。这一奇妙的结果已由加拿大魁北克省拉法尔大学的卡西迪(Charles Cassidy)与洛德(Graham Lord)在一篇没有发表的论文中作出了证明。

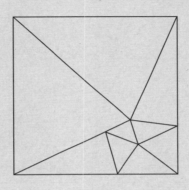

图5.12

图5.13给出了4种办法,可以把一个等边三角形分割为5个等腰三角形。在第一种分法中,在分成的5个三角形中没有正三角形,第二种与第3种分法中各有一个正三角形,而在第4种分法中有2个正三角形。4种分法的设计师都是约翰逊(Robert S. Johnson),(见《数学十字架》,第4卷第2期,53页;1978年2月)。纳尔逊所作的不存在两个以上正三角形的证明则发表在该杂志同一卷里(第4期,102—104页;1978年4月)。

图5.13的前3种解法模式不是唯一的。许多读者送来了其他解法,最多有13个,来自加里多(Roberto Teodoro Garrido),他是阿根廷布宜诺斯艾利斯市的一位土木工程师。

5. 用日元硬币来测量

一条直线上厘米数为整数的距离可以利用币值为一日元的

硬币来测量,它们的半径正好是一厘米,见图5.14所示。

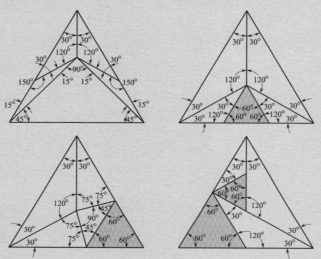

图5.13

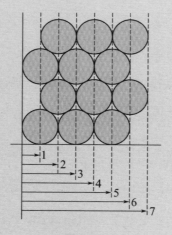

图5.14

6. 一种新的地图着色游戏

形似图5.15的地图是由美国兰德公司的一位数学家沙普利

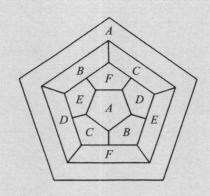

图5.15

(Lloyd Shapley)提出的。它证明了,用5种颜色来玩布拉姆斯的地图着色游戏时,确实存在用色最多者一定能赢的地图。

该地图是十二面体骨架的投影,图上最外面的区域A表示立体的"背面"。用色最多者的策略是:总是在对方刚刚涂过色的那一区域的对面区域,用同一种颜色来着色(在图5.15上,我们使用相同的英文字母来代表十二面体上的两个相对的表面)。你们不难发现,这种策略杜绝了已经用过颜色的继续使用,从而迫使用色最少者不得不采用第6种颜色。

那么,是否还存在着一种地图,使后走者足以迫使对手即使玩得再好也不得不采用第7色呢?这仍是一个悬而未决的问题。

7. 惠姆游戏

康韦为他的惠姆游戏定下了以下策略。如果有一堆筹码有4个或更多,那就把"惠姆行动"处理为只有一个筹码的一堆;如果并没有哪一堆有4个或更多筹码,那就把"惠姆行动"处理为含两个筹码的一堆。在一方宣告"惠姆行动"之前,看不见的惠姆堆始终是存在的。宣布"惠姆行动"意味着拿掉惠姆堆。所谓"惠姆局势"是指惠姆堆真的存在时,正常型尼姆游戏下能取胜的一方的形势。基于以上考虑,获胜策略就是:设想惠姆堆一直存在着,直至一方把它拿掉,然后就采取正常型的尼姆游戏策略继续玩下去。如果有某一步使得不再有一堆筹码为4个或更多了,这时隐隐存在的惠姆堆就会取得它的第二个筹码,这样的变化应该在此步动作之后,而不是在它之前。

第 6 章
斯科特·金的对称作品

字节出版社在1981年出版的斯科特·金(Scott Kim)的《颠倒》，无疑是世上少有的令人惊讶与欢乐的奇书之一。多年以来，金发展出了一种神妙的技艺，得以将任何单词或短语书写成独特的字体，以展示其惊人的几何对称性。请大家欣赏一下金所写的我的姓名马丁·加德纳(见图6.1)。把它上下颠倒，瞧！竟然一点不变，还是老样子。

$$\textit{martin Gardner}$$

图6.1

　　着迷于神奇文字游戏的学子们很早就意识到，可用简短单词来显示各种类型的几何对称。巴黎莫扎特路上有一家"新人"服装店，他们的一块大招牌"NeW MaN"上，e和a两个字母，除了朝向有异外，完全一模一样，结果使这块招牌形成了上下颠倒对称的效应。名称VISTA(联合国协办的杂志)，ZOONOOZ(美国圣迪戈动物园的杂志)以及NISSIN(日清公司，一家生产闪光灯的日本制造商)都设计得十分巧妙，有着颠倒对称之美。

　　BOO HOO，DIOXIDE，EXCEEDED 等单词，以及句子 DICK COHEN DIED 10 DEC 1883 等都具有相对于水平轴的镜面对称性。如果你把它们上下颠倒地置于镜子前面，它们看起来全然未变。有一天，在一家超市里，我的妹妹被饼干盒子上的一个名字"spep oop"搞糊涂了，直到后来她才弄明白，原来是货架上一只写着"doo dads"（便宜货）的盒子放倒了。美国北卡罗来纳州的一位魔术家华莱士·李（Wallace Lee）很喜欢同朋友开玩笑，问他们是否曾经吃过"ittaybeds"，它是印在广告纸上的一个单词，写成下面的样子：

Ittaybeds

在每一个人都说没有吃过之后，他说：

"如果上下颠倒一下，吃起来当然味道更好。"[1]

用传统印刷字体写出的许多简短单词在颠倒之后变成了别的单词，譬如说MOM变为WOW，up变成了缩略词dn，然而SWIMS却还是老样子，一点没有变。另外一些单词的镜面对称性是关于垂直轴的，例如bid（如果把q写得很像镜子里的像，则bid就变成了piq）。下面是一种好玩的"minimum"写法，即使把它旋转180°，依旧还是minimum。

正是金把这种奇妙的对称书法技艺提升到了前所未有的高度。通过巧妙地改变一些字母，而且改得很有分寸，不至于认不出，金创作出了令人难以置信的奇妙模式。他的书里收集了许多佳作，点缀着不少很有启发性的观察结果，探讨了对称的本质及其哲学内涵，以及它在艺术、音乐以及文字游戏方面的种种体现。

金对于我的《科学美国人》数学游戏专栏来说并不陌生。他是一位韩裔

---

[1] 颠倒之后，它将变成单词spaghatti，即意大利面。——译者注

年轻人,出生于美国,1981年正在斯坦福大学攻读有关计算机科学的研究生学位。早在青少年时期,他就开始研究游戏数学,提出过一些原创性很高的问题,有的已经在《科学美国人》上公开发表,其中包括《丢失王棋的巡回路线》(1977年4月)、《超立方体角上放置国际象棋"马"的问题》(1978年2月)、《装箱问题解法》(1979年2月)、以及本书第6章中所讲的《n区地图》的美妙对称解法等等。他有着用几何观点思考问题(不仅是二维与三维空间,而是四维与高维空间)的独特能耐,除此之外,他还是一位古典音乐爱好者,一位钢琴演奏家,曾多年游移于数学与音乐之间,难以决定究竟攻读哪一门。目前他正致力于应用计算机设计全套印刷字体。这个领域的领军人物是他在斯坦福大学读书时的导师兼朋友,著名计算机专家克努特。

金给人意外惊喜的独特书法持续了多年时间,一般仅限于娱乐亲友和设计圣诞卡。在宴会上遇到一位陌生人,知道他或她的姓名之后,金往往一转身就不见了,再回到会场时他已把姓名清清楚楚地写了下来,正看与倒看统统都一样。图6.2就是他设计的1977年圣诞贺卡,有很漂亮的上下颠倒对称性。卡片上的莱斯特(Lester)与珀尔(Pearl)是他的父母,格兰特(Grant)与盖尔(Gail)则是其兄妹。在下一年(1978年)的圣诞卡中,他把 Merry Christmas(圣诞快乐)做成了相对于水平轴呈镜像对称的字体。再下一年(1979年),则改为相对于垂直轴呈镜像对称(见图6.3与6.4)。

为了祝贺其父母的结婚纪念日,金用巧克力与香草精糖霜设计了蛋糕图案,见图6.5。黑色巧克力构成其中的"Lester"(莱斯特),白色糖霜则组成倒写的"Pearl"(珀尔)。这就是金的所谓"图形加背景"技巧。除此之外,你们还可以在金的好朋友霍夫施塔特的普利策奖得奖名著《哥德尔、埃舍尔、巴赫:集异璧之大成》中找到另一个例子。说到这3位名家,哥德尔(Kurt Gödel),巴赫(J. S.Bach)以及埃舍尔(M. C. Escher),图6.6显示了金如何把

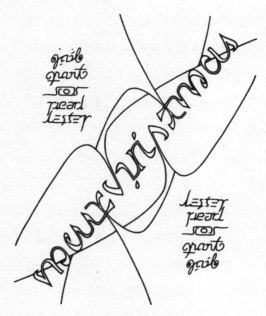

图6.2

图6.3

图6.4

图6.5

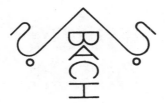 

图6.6

每一位大师的姓名都写成了可爱的镜像对称图形①。

图6.7更加令人瞠目。原来,金把26个英文字母全部熔为一炉,使整体布局呈现出极其美妙的左右对称性。

金的神奇书法引起了《博览》杂志编辑莫里斯(Scott Morris)的注意,他在该杂志1979年9月的那一期上,从深孚众望的游戏专栏中拿出一个版面,刊出金的作品,并公开宣布要举办一个有奖征答活动,从读者中广泛征求类似作品。金被请来评选数以千计的应征作品。你可以在1980年4月的《博览》杂志上看到美轮美奂的获奖作品,并在同年5月及11月的莫里斯专栏中看到水平相仿,难分轩轾的二等佳作。

图6.7

①图6.6中只有两个人的姓名一望而知,哥德尔的写法存在着较大争议。——译者注。

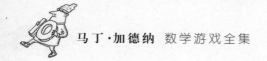

金的著作中所有的模式都是他自己的创作。我从中选录了一小部分，在图6.8中给出，以期读者对金所拿手的种种惊人的视觉艺术，好好加以揣摩。

图6.8

现在我要把话题转向两个不寻常的数学问题，提出问题的人都是金，而且迄今仍有部分尚未解决。1975年，金还在高中读书时，就想到了一个古老问题可以推广。该问题非常有名，就是要在国际象棋棋盘上放置8个"后棋"，使它们互不叫吃。金问道，为了造成一种布局使棋盘上的每个"后棋"，都叫吃 n 个另外的后棋，这样的后棋最多可放几个呢？在考虑答案时，当然必须严格遵照国际象棋的游戏规则，即不能越过一个后棋，叫吃另一个后棋。

当$n=0$时,此问题与传统问题毫无二致。在$n=1$时,金证明了10个后棋是最大的数目(证法请参看《游戏数学杂志》第13卷第1期,61页;1980—1981年)。我们在图6.9的上图中给出了此问题的一个令人赏心悦目的解答。中图则是$n=2$时,14个后棋的最大解。对于此种模式,正如金在一封信中所说的那样:"它呈现出如此可怕的不对称,简直像是没有存在的权利。"当$n=3$或$n=4$时,只存在最大解的猜想,尚无证明。在$n=3$时,金的最优结果是棋盘上可放置16个后棋,摆法竟是出人意外的简单,见图6.9的下图。但16是否为最大解,迄今并无证明。$n=4$时,金的最佳结果是20个后棋。你能否把20只后棋摆在棋盘上,使每只后棋正好叫吃另外4个后棋呢?

这个问题当然可以推广到任意大小的有限棋盘情况,但金已经有了一个立足于图论的简单证明:任何有限棋盘,不管它多么大,n的值都不能大于4。在$n=1$时,金已证

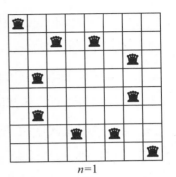

$n=1$

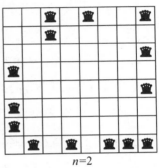

$n=2$

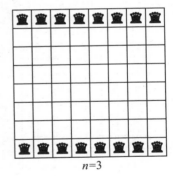

$n=3$

图6.9

明,后棋的最大数目不能超过$\left[\dfrac{4k}{3}\right]$(小于或等于$\left[\dfrac{4k}{3}\right]$的最大整数),此处$k$是正方形棋盘一边上的方格数。$n=2$时,他有一个难度高得多的证法,表明最大的后棋数目不能超过$2k-2$,而且这一最大值适用于一切阶数为偶数的棋盘。

金对多立方长蛇问题的研究,之前从未公开发表过,读者们如能对此问题感兴趣,他同我都会竭诚欢迎。让我们首先来定义"长蛇"。实际上,它是由一模一样的单位立方体连成的长链,除了长链尽头处的立方体之外,位于中间的每个立方体都同前后两个毗邻立方体各共有一个面。长蛇可以朝任何方向扭曲,但除了两个直接"邻居"之外不准再有任何其他立方体面对面地相接触,但应注意,如果扭曲时只在角上(只有一个点)或一条棱上接触,那就不管单位立方体有多少,都是允许的。一条由许多立方体构成的长蛇,长度有限,两端的立方体每一个都只同一个立方体相接。或者有限长度,形成封闭环路,没有头尾可言。长蛇也可以只有一个终端,长度无限。或者是长度无限,两个方向都没有尽头。

现在提一个容易使人误解的简单问题:至少要用多少条长蛇来填满全部空间?我们可以换一种问法。假设空间已被为数无穷的单位立方体完全填满。那么,沿着定义立方体的平面切割,最少可以划分出多少条长蛇?

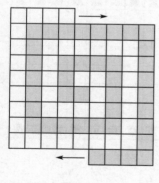

图6.10

如果我们把问题作降维处理,转而考虑二维空间的情形(由单位正方形构成的长蛇),那就很容易看出:答案是两条长蛇。我们只要把无限长、只有一个终端、一灰一白的两条螺旋状的长蛇交织起来就行,见图6.10。

不过,用多立方长蛇填满三维空间的问题并不容易回答。金曾经找出一种解法,用4条只有一个终端的、无限长的蛇(为了方便起见,最好把它们想象成不同颜色的蛇)螺旋状地交织起来以填满整个三维空间。但他的方法过于复杂,要想用有限的篇幅把它解释清楚非常困难。你只要记住我的一句话就行了:用4条长蛇填充三维空间是做得到的。

那么,用3条行不行呢?不仅这个问题无法回答。此外,金也无法证明用两条长蛇填满三维空间不行!他在写给我的信中说道:"至于谈到用两条长蛇填满三维空间的问题,如果真能办到,那将是一个无限长的、三维空间的阴阳太极图:一条长蛇占据了若干空间,没有被它占据的空间便是另一条蛇。这样的交织图案无比美妙,从而使我浮想联翩。构建一个如此庞大的模型,让长蛇悠游自在地爬行,兴许真有这种可能性。我始终不肯放弃,坚持寻找一种解法。"

问题自然可以推而广之,人们兴许能探讨由任意维数的单位超立方体所组成的长蛇。金猜想,在 n 维空间中,能填满空间的最少数目的长蛇数为 $2(n-1)$,但此猜想并不可靠。

几年前,我曾荣幸地把多立方长蛇问题讲给著名数学家、剑桥大学教授康韦听,最后提到金未能证明两条长蛇不能填满三维空间时,康韦立即说:"但这显然……"他说到一半,顿住了,双目瞪视着三维空间一二分钟之久,然后大声嚷道:"啊,它并不显然!"

我不知道什么事情触动了康韦的神经。我只能说,如果用两条长蛇填满三维空间的不可能性对康韦或金都不明显,那么对任何其他人也就更是不明显了。

补　遗

有数十名读者给我送来了印刷体的词或句子,有的在镜像中保持不变,有的则变成了别的单词(图6.11提供了一个实例)。有的读者注意到了TOYOTA(丰田),如果垂直书写,它是镜像不变的。

我发现下面的窜改得莫明其妙的句子:

MOM

图6.11

TOP

OTTO

A

GOT

它在镜子里的像，读起来倒很顺口。

　　莫里斯(David Morice)在《文字游戏》杂志(1987年11月,235页)上发表了下面这首两节诗。其第一节是:

DICK HID

CODEBOOK+

DOBIE KICKED

HOBO—OH HECK—IDECIDED

I EXCEEDED ID—IBOXED

HICK—ODD DODO—EH KID

DEBBIE CHIDED—HOCK CHECKBOOK

ED—BOB BEDDED CHOICE CHICK

HO HO—HE ECHOED—OH OH

DOBIE ICED HOODED IBEX

I COOKED OXHIDE COD

EDIE HEEDED COOKBOOK+

ED

DECKED

BOB

要读第二节,只要把第一节颠倒,拿到镜子前面去看就行。

克努特、格雷厄姆与帕特希尼克(Oren Patashnik)在他们的巨著《具体数学》(艾迪森–威斯利公司,1989年。"具体"(Concrete),是由"连续"与"离散"两个单词各取一半拼成的)中,为他们的读者引入了"umop-apisdn"函数。这个词乍看起来简直不知所云,但只要把它转过180°,意思就非常明显了,是"上下颠倒"。

英语中有句成语:"你要谨言慎行,小心办事",原文为"Mind your ps and qs"。对于它的起源,有一种说法是由于这两个字母的小写很容易混淆,故而有此告诫。然而,更合理的解释是提醒英国酒馆老板要注意他们的酒瓶容量1夸脱(合1.136升)=2品脱,不能混淆啊。

凯斯特勒(Arthur Koestler)在他的自传《蓝色之箭》里回忆起他在德国柏林当科学编辑时曾经碰到过许多科学奇人的往事。其中有一人发明了一套新的字母,每个字母都拥有4次旋转对称性质。他宣称,这可使坐在方桌子四面的人同时阅读放在桌子中央的书报。

你可曾听到过有位诵读困难的无神论者不相信狗的故事?或者有关D.A.

97

M.N.(美国防治阅读困难母亲会)①这个组织的事情?

关于神奇的金,我可以轻易地再写一章。他在斯坦福大学拿到了博士学位,学位论文题目为《计算机与图像设计》,后来在计算机大师克努特手下工作。1995年在美国亚特兰大市曾有过一次数学家、趣题迷与魔术师的罕见集会。会上,金作了不少精彩表演,譬如说,怎样用手指来模拟正四面体或立方体的框架,怎样用左手或右手来打个三叶结,等等。他还在钢琴上演奏绵延不绝的八度音,越来越高,越来越高,但始终没有越出听觉极限。他还表演过一手绝技:一面以口哨吹着一首乐曲,同时又哼唱着另一首歌。就在这次亚特兰大集会上,他和他的朋友,谢弗博士与斯特恩先生舞蹈团的谢弗(Karl Schaffer)与斯特恩(Erik Stern),为大家表演了一出妙不可言的三人舞,名为《心灵之眼》。由这3位表演者精心设计的这一舞蹈是完全建立在数学对称原理之上的。

金为之画插图的书籍有我的《啊哈,原来如此》(W. H. 弗里曼公司出版)、卡尔迪(Ilan Cardi)的《图说计算机数学游戏》(艾迪森-威斯利公司出版)。他同塞梅尔松女士(Robin Samelson)合作,制作了一张名为《字体与错觉》的计算机碟片,伴随着一本48页的小册子,其中是为使用克拉里斯(Claris)的Mac Paint软件设计的程序。1994年兰登书屋出版了金的《趣题揭底》,书中收集了42则非常奇妙的趣题,全部是从《新媒体杂志》上他的专栏中拿来的。据我所知,这是一本难得一见的趣题专著,其中每一则趣题都是完全出自作者的原创。

金的后棋问题发表之后,从世界各个角落寄来了无数读者来信。他们送来了标准国际象棋盘上$n = 2,3,4$的各种不同解法,作出了最优解证明,提出了不寻常的问题变更法。最令人惊奇的信件来自斯潘塞(Jeffrey Spencer)、罗斯奎斯特(Kjell Rosquist)、马歇尔(William Rex Marshall)。斯潘塞与雷克斯在

---

① DAMN是一个常见的英语单词,用作诅咒,意为"该死"。全部逆序后(自右至左读),即该组织的缩略字。——译者注

1981 年所写的信中分别独立提出了棋盘上 $n=4$ 的比金更进一步的解答。图 6.12 给出了如何放置 21 个后棋的办法，但它不是唯一解。马歇尔从新西兰多纳丁寄来的信中，一口气送来了多达 36 个其他解答！

$n = 3$ 时，马歇尔的解比金的解法多走两步。他告诉我 18 个后棋的放法，每个后棋都叫吃其他 3 个后棋。解法竟有 9 种之多。图 6.13 是其中之一，之所以令人特别感兴趣是由于只有 3 个后棋不在棋盘的周边。马歇尔还找到了一个简洁的鸽巢原理证法，证明 $n=4$ 时，最多只能放置 21 个后棋。他还有一个类似证法，证明 $n=3$ 时，最大值是 18。更一般地，他证明 $n=4$ 时，如 k 为棋盘的阶，则当 $k>5$ 时，最大值为 $3k-3$。当 $n = 3$ 时，马歇尔证明，可放置在棋盘上的后棋的最大数应该是小于或等于 $\frac{12k-4}{5}$ 的最大偶数。$n = 2$ 时，他发现，金的 $2k-2$ 公式可适用于阶数大于 2 的一切棋盘，而不仅仅适用于偶数阶的棋盘。

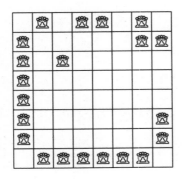 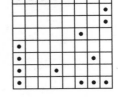

图 6.12   图 6.13

也许值得注意的是，当 $n = 4$ 时，任何一个后棋都不能放在角上，因为此时被它叫吃的后棋不可能多于 3 个。霍夫曼（Dean Hoffman）给我送来了 n 不大于 4 的简单证明。只要考虑最左一列最上面的那个后棋，它至多只能攻击其他 4 个后棋。

1991 年，海斯（Peter Hayes）从澳大利亚墨尔本市写来一封信。他在信中

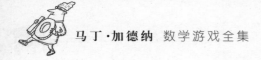

独立地得出了同样结果，其中也包括了马歇尔的一切证明。这些成果被总结在论文《一个国际象棋中的后棋问题》中，发表于《游戏数学杂志》第24卷，264—271页；1992年第4期。

1996年，我又收到了马歇尔的第二封信。原来，他设计了一个计算机象棋程序，可以解决金的全部象棋问题，包括了k（棋盘的阶数）从1到9，n（被叫吃的后棋数）从1到4的所有情况。他把这些情况制成了一张很详细的表格，还追加了k=10的情形，见图6.14。

k	n = 1	n = 2	n = 3	n = 4
3	0	4	2	0
4	5	2	4	0
5	0	1	31	0
6	2	1	304（307）	1
7	138(149)	5	2	3
8	47（49）	2	9	40
9	1	15	755	615
10	12490（12891）	3	39302	16573

图6.14

请注意，有4种情况只存在唯一解。它们都列示在图6.15中。图6.16提供了n = 2，k = 8的第二个解。图6.17则极具特色，它是n = 3，k = 9时，马歇尔的计算机程序所找出的755个模式中最最精彩的一个。

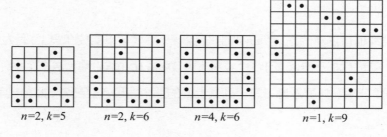

n=2, k=5　　n=2, k=6　　n=4, k=6　　n=1, k=9

图6.15

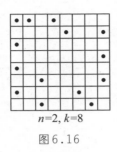 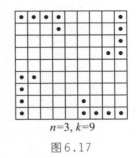

n=2, k=8　　　　　　n=3, k=9

图6.16　　　　　　　　图6.17

　　新加坡国立大学的物理学家靳可九博士(译音)给我送来了一个聪明的证明。如果给出一个有限容积的三维空间,则一定可以用两条金的多立方长蛇填满全部空间,做到无一遗漏。然而,正如金所指出的,当空间的容积增大时,靳可九的方法不能无限地趋向全部空间。每一次加大空间的容积时,方法都必须进行修正。因而,金深信,用两条长蛇填满全部三维空间是不可能的。至于3条长蛇能否填满,则仍是一个悬而未决的问题。

图6.18

答　案

前面曾要求读者把20个后棋放到国际象棋棋盘上,使每只皇后都可以叫吃4个后棋。图6.19给出了此题的一个答案。

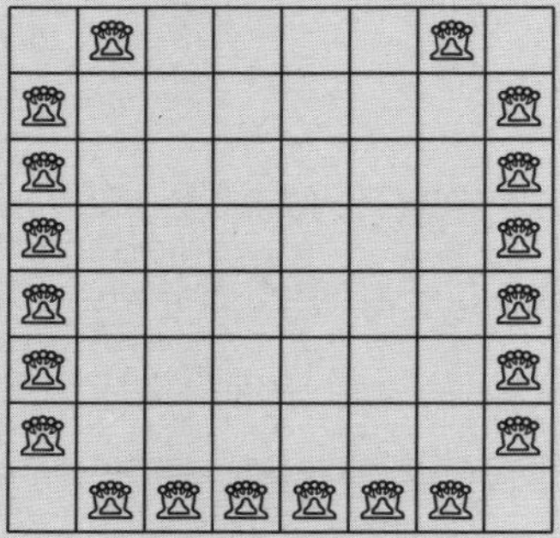

图6.19

第 **1** 章
抛 物 线

有些事情在数学家中间很常见,他们之所以要创建与探索某些抽象物体的性质,仅仅是由于他们觉得这些东西既美丽、又有趣。后来,有时要经过好几个世纪之久,人们才发现把这些东西应用于物理世界中有着巨大的实用价值。虽说精彩例子不少,但看来首屈一指的莫过于古希腊人对4种圆锥曲线所做的研究工作了。我以前曾讲到过它们中间的3种:圆、椭圆与双曲线,现在让我们来看看抛物线。

  正圆锥被一个平行于其底面的平面所截时,截面是个圆;如将平面略为倾斜,截面就是一个椭圆,也就是与两个定点(焦点)的距离之和等于常数的所有点的轨迹。不妨把圆看成是椭圆的特例,其时椭圆的两个焦点合二为一,成为圆心。当截面的倾角越来越大时,椭圆的两个焦点也越来越远离,相应的椭圆形状变得越来越"偏心"。当截面正好与圆锥的斜边平行时,截痕就成了抛物线。抛物线像圆一样,是一种极限曲线,不过它的一个焦点因走向无限远而消失不见了。正如法布尔(Henri Fabre)①所说:"它是一个椭圆,正在徒劳无功地寻找它的第二个已经丢失的中心。"

  当你追随着抛物线的"长臂"走向无穷远时,它将越来越接近于"平行"状态,但又是可望而不可及,永远达不到。下面引用开普勒(Johannes Ke-

----

  ① 法国著名科普作家,其作品深受我国读者喜爱。——译者注

pler)在谈论圆锥截线时涉及抛物线的一段话：

> 由于它的不偏不倚的中间性质，抛物线占据了一个居中位置（在椭圆与双曲线之间）。抛物线的产生独具一格，它不像双曲线那样张开双臂，而是有开有合，尽量收缩，使它们接近于平行。抛物线的两臂永远在扩张，但在包括得越多的同时，也力求有所收敛，尽量做到少包容一些。它不像双曲线，包括得越多，还想得到更多。

　　抛物线是平面上所有到定直线（准线）的距离等于到定点（不在准线上，称为焦点）的距离的点的轨迹。图7.1给出了抛物线的一种传统作法，在此情形下可使抛物线的笛卡儿直角坐标方程的形式特别简单。注意，抛物线的对称轴要通过焦点，并与准线垂直相交。曲线的尖端名叫抛物线的顶点，正好位于坐标原点$(0,0)$。通过焦点，并垂直于对称轴的弦称为抛物线的正焦弦，其长度称为焦点处的宽度。设a为焦点到顶点的距离，显然a也是顶点到准线的距离。不难证明，正焦弦之长为$4a$。在这种情况下，抛物线的标准方程为$y^2 = 4ax$。若$x = 0$，则$y^2 = 0$，即抛物线之顶点位于坐标原点。更一般地说，任意一个形如$x = ay^2 + by + c(a \neq 0)$的二次方程的图像必然为抛物线，但不一定是图7.1中所示的那种典型抛物线。

　　抛物线有一个令人惊讶的性质：一切抛物线都有相同的形状。你大概

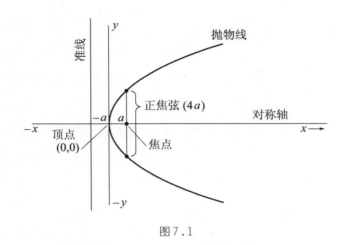

图7.1

不会相信这一点。兴许你会说,图7.2中的两根抛物线,形状不是截然不一样吗?但你不妨想想,两根抛物线都是可以伸展到无穷远的。因此你可以从中随便取一根抛物线,在尺度上作适当的变换,然后把它放在另一根抛物线上,在无限长曲线的某一段上,两者将会密合得天衣无缝。

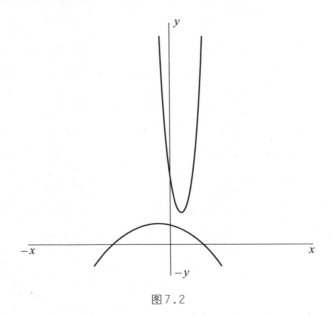

图7.2

107

抛物线的这一奇妙性质(只是大小尺寸不一样,形状完全雷同)同圆一样,两者有惊人的共同点,但是与椭圆、双曲线迥然有异。所有的圆都相似,这是由于单个的点都相似之故。所有的抛物线都相似,则是由于所有的点和直线对(点不在直线上)都相似之故。换言之,只要通过适当的缩放、平移与旋转变换,所有的准线和焦点对都可与别的准线和焦点对完全重合。画在方格纸上的任何抛物线图形,只要它的大小与位置适当,都可由一元二次方程 $x=ay^2+by+c$ 给出。

如果你把一块石头按水平方向抛出去,那么它的运行路线就会很接近于抛物线。对此,达芬奇(Leonardo da Vinci)在1490年就猜想到了,其后由伽利略(Galileo)在1609年作出了证明。不过直到30年以后,他才公开发表了这一证明。你不妨重新做一下伽利略的一个实验,把一颗墨水里浸过的小球从一个斜面上滚下去。如果平面上铺着坐标纸,那么被记录下来的小球滚动路线将帮助你计算出曲线的抛物线公式。不过,抛射体的抛物线路径实际上由于地球的圆形性质而略有变形,而空气阻力的影响更甚。

在伽利略的著作《关于两门新科学的对话》中,他详细讨论了两种因素的干扰与影响:地球不是扁平物体,空气有一定的黏稠度。人们乐于看到伽利略把地球的圆形性质所引起的偏差忽略不计,因为他考虑到军事用途中抛射体的射程"决不会超过4英里"(约6.4千米)。

由于空气阻力对子弹飞行的影响而产生了弹道曲线,它的形状非常类似于乳房曲线。作家梅勒(Norman Mailer)在他的长篇小说《裸者与死者》临近收尾的地方,描写了一位军官信手涂鸦,勾画了几条曲线,凝神冥想,做起他的白日梦来:

我认为,那种形状……就是爱情的基本曲线。它是一切人类力量的曲线(不考虑学习平台与衰退的抑制),看来它也是性兴奋与泄欲的曲线。说到底,它们正是生活乐趣的物质核心。请大家再看一下,这条曲线又是什么呢?它是一切抛射体的基本运行路径,一只球、一块石头、一支箭(尼采的渴望之箭)、一颗炮弹,概莫能外。它既是导致死亡的弹道曲线,又是活生生的爱情冲动的象征;它表明,存在的形式以及生与死,就它们遵循同一轨迹来看,几乎没有什么不同。生就是我们骑着炮弹时所看到和感觉到的,它标志着现在、所见、所感、所意识;死就是把炮弹看成一个整体,了解它的不可抗拒的结局,从它受到最初的推动、被发射到空中的那一刻起,物理定律就将迫使它走向注定的结局。

　　进一步解释一下,制约抛物体运行路线的有两种力量。如果没有它们,炮弹将沿着直线一股劲地上升↗。这两种力量是地球引力与风的阻力。它们的综合效应与时间的平方成正比;它们的影响将变得越来越大,在某种意义上反馈到它们本身。

抛物体想向上↗走,引力则要它向下↓,而空气阻力却使它反向←。随着时间的行进,这两种伴随的力变得越来越大,从而加速了下降,缩短了射程。如果起作用的只有地球引力,那么弹道的形状将是对称的

但由于风的阻力,结果得出了悲剧性的曲线

就这一曲线的更大意义而言,引力占了命定的地位(上升者终将下落),风的阻力是一种介质的阻力……惯性质量或质量惯性[①]终究会使文明社会的远见和想象力,以及向上的飞跃受挫和滞缓,厄运很快到来,无法避免。

水管里喷射出来的水流可以形成一条近乎完美的抛物线。当你在草地上浇水时,把角度慢慢降低,从近乎竖直到近乎水平,这时这些抛物线形状的水流顶部将近似画出半个椭圆,然而这些水流的包络曲线却是另一条抛物线。

天上某些彗星的轨道可能是抛物线。周期性回归太阳系的彗星,其轨道是偏心率非常大的扁长椭圆。但我们已经看到,椭圆越偏心,它就越来越

---

① "质量"在英语中(mass)是一个双关词,既可表示一堆物质,又可表示一群人,即"人群"。——译者注

像抛物线。由于抛物线是介于椭圆与双曲线之间的一种极限,人们几乎不可能从一颗彗星在靠近太阳时的观测数据中判定它的轨道是一个偏心率极大的椭圆(在这种情况下,彗星能重返太阳系),还是抛物线乃至双曲线(在这两种情况下,彗星将会一去不返)。如果彗星的轨道呈抛物线形状,则其速度应该等于它脱离太阳系的逃逸速度。若速度比它小,则轨道为椭圆;若速度比它大,则轨道为双曲线。

抛物线最突出的技术应用是基于图7.3所示的反射性质。从焦点 *f* 引一直线到抛物线上的任一点 *p*,作出曲线在 *p* 点的切线 *ab*。然后通过 *p* 点画一直线,使 ∠*apf* 等于 ∠*bpd*,则直线 *cd* 将垂直于抛物线的准线。这意味着,如果把抛物线视为一条能反射光的曲线,则从焦点射向抛物线的一束光将会沿着与抛物线的对称轴相平行的一条光路反射出来。

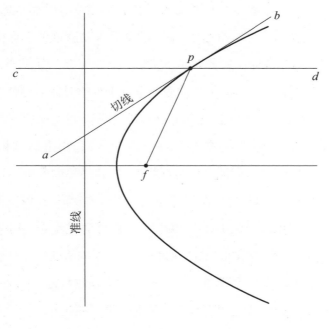

图7.3

现在设想抛物线绕着它的对称轴旋转,生成一个名叫"抛物面"的曲面。如果光源位于焦点处,抛物面将把光线反射成一束与对称轴平行的光,这就是探照灯的原理。当然这一原理也可以通过其他方式来起作用。平行于对称轴的光照射在呈抛物面的凹面镜上时,将全部会聚在焦点处。这就是反射望远镜、太阳能收集装置以及碟形微波接收天线的工作秘密。由于大型抛物面镜制造起来远比同等大小的透镜来得容易,因而目前所有的巨型天文望远镜都是反射型的。再用其他的光学设备把物像从焦点转移到目镜或者照相底版上。你也许在童年时就已学会用玻璃透镜聚焦太阳光,以点燃一张纸片。用抛物面镜来干这种事情也同样有效,当然需要把纸片放在抛物面的焦点上。

转动一盆水,水的表面就会形成一个抛物面。物理学家伍德(R. W. Wood)由此得到启发,也许可以转动一大盆水银,并利用所形成的抛物面作为镜子的办法来制造反射望远镜。他真的动手去制造这种望远镜,但要使表面打磨得足够光滑存在太多困难,使他最终不得不放弃了这种想法。

设想抛物面有一个极为平坦的底面垂直于它的对称轴,使它看上去很像一个圆圆的小丘。你能不能算出它的体积呢?阿基米德发现了一个出人意料的简单公式,它的体积正好是有着同样的圆形底与高的圆锥体体积的1.5倍。

支撑吊桥的缆索高度地近似为抛物线。但若吊桥的重量不均匀,或者缆索的重量相对于桥重过大,曲线就会发生严重的变形。在后一种情况下,曲线往往很难同悬链线区别开来。伽利略也曾经犯过错误,他把悬挂铁链所形成的曲线认作抛物线了。数十年之后,人们才搞清楚它是悬链线。这种曲线甚至不是代数曲线,因为在它的方程中含有超越数e。

在抛物线与悬链线之间存在着一种奇妙联系,但知之者不多。如果你沿着一条直线滚动一根抛物线(如图7.4的上图所示),那么"焦点的轨迹"

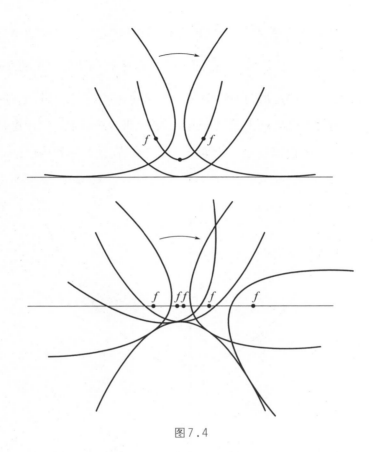

图7.4

就是一条完美的悬链线。令人尤为惊讶的是(但很容易作出证明),同样大小的两条抛物线放在一起,顶点互相接触,一条抛物线在另一条上面滚动(见图7.4的下图所示),此时,滚动抛物线的焦点将会沿着固定抛物线的准线移动,而其顶点则描绘出一条蔓叶线!

在有关抛物线的许多早期问题中,有一个是要把曲线图形化为与之等积的"正方形",例如图7.5中阴影部分的面积,它是由抛物线与一根弦所围起来的。阿基米德在他著名的论著《抛物线求积法》中第一个解决了这一问题。通过一种巧妙的极限方法,实质上是抢先一步提前使用了积分术,阿基米德证明,如图7.5所示,作一个外接平行四边形(它的一组对边平行于抛物线的对称轴),那么阴影部分的面积正好等于平行四边形面积的 $\frac{2}{3}$(阿基米德通过比较平行四边形与阴影图形的质量[①]而猜到了这一性质)。阿基米德还利用抛物线漂亮地画出了正七边形。更早期的几何学家们用抛物线解决了经典的立方体倍积问题——即作一个立方体,使其体积为已知立方体体积的二倍。

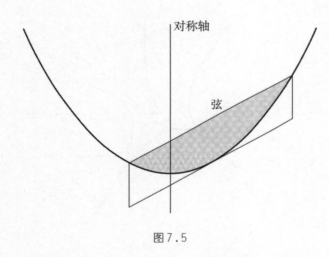

图7.5

不需要在纸上描许多点,也可以画出抛物线,这样的方法为数不少。其中最简单的办法也许是用一把丁字尺与一段棉线。线的一端缚在丁字尺矩形臂的角上,如图7.6所示,另一端则固定在抛物线的焦点上。线的长度必须等于丁字尺的臂长 AB。铅笔尖点 x 移动时必须紧贴着丁字尺的左臂,并把线拉紧。在丁字尺沿着准线向右滑动时,铅笔尖就会沿着丁字尺的边缘向上移动,描绘出抛物线的右支,然后在另一侧反向重复以上动作,这时就将画出抛物线的左支。这个办法是开普勒发明的,也许古已有之,他不过重

---

① 准确绘制出图形,再把它仔细剪下来称质量。——译者注

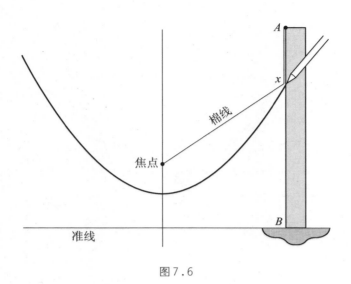

图 7.6

新发明而已。你也可以不用丁字尺,改用一块直角三角板或矩尺,使它沿着尺的一边滑动。不难看出,线的固定长度保证了曲线上的任一点与焦点和准线的距离都是相等的。

　　用折纸的办法也可以产生可爱的抛物线,甚至更加容易。在一张半透明的纸片上任意标定一点,作为焦点,用直尺画出一条准线,然后把矩形纸片折叠若干次,每一次都要使这条准线通过那个定点。不难看出,每一道折痕都将是同一根抛物线的切线,而总体的轮廓就勾画出了抛物线的图形(见图7.7)。如果纸片不透明,你可以用它的一边作为准线,反复折叠多次,但每次都要使这一边通过那个定点。

　　熟悉抛物线往往可以为快速求解代数方程组提供方便。例如,下面这个方程组的解答中蕴含着两个掷骰子赌博中的幸运数:

$$\begin{cases} x^2 + y = 7 \\ x + y^2 = 11 \end{cases}$$

不需要花费多长时间就能发现,如果 $x = 2$, $y = 3$ 就能同时满足这两个

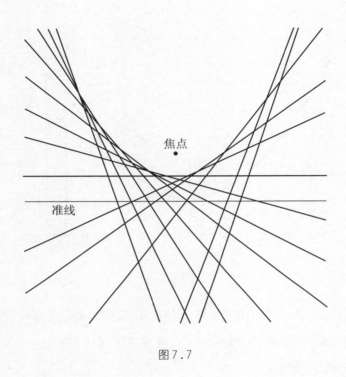

图 7.7

方程。让我们再追问两个问题：

　　1. 方程组是否还有别的整数解(其中 x, y 都必须是正整数或负整数)？

　　2. 方程组一共有多少组解？

　　有一个较为困难的问题(抛物线为它提供了一个解答)来自美国贝尔实验室的格雷厄姆,提出者与解题人都是他。这是该题的首次公开发表。

　　设想你手头有数量无限一模一样的圆形碟片,每一张碟片的直径都小于 $\frac{1}{2}$ 单位,譬如说,都只有 $\frac{1}{10}$ 单位。是否有可能把它们统统放在一个平面上,不准重叠,并使任意两张碟片上的两点之间的距离都不是一个整数？

　　由于每张圆碟的直径都只有 $\frac{1}{10}$ 单位,显然同一张圆碟上任意两点间的距离都不可能是一个整数。但仍然可以想象,通过一种巧妙配置,譬如说,所有碟片的圆心都在一条直线上而做到碟片上任意两点间的距离都不是整数。然而,不难证明上述想法是做不到的。事实上,直线上无穷多个圆碟的任何一种配置都会产生为数无穷的、一对又一对的圆碟,使其上无限多对点(它们全都位于同一直线上)的两两之间的距离都是整数。

为了看出其所以然,设想你把一张直径为 $\frac{1}{10}$ 的圆碟放在直线上,如图 7.8 上图中的白色小圆 a。再把黑色小圆(记为 a')放在 a 的两侧,使 a 与 a' 圆心间的距离为1个单位。黑色小圆的放置可向左、右两边延伸,直到无穷远。显然,与黑色小圆重叠或互相接触的圆碟不能放在直线上,否则,两点间的距离将不再是整数(我们假定碟片圆周上的点是在碟片内)。

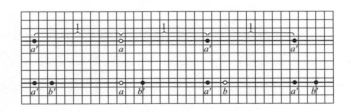

图7.8

当然,可以把另一张圆碟放在直线上任一对相邻的两圆碟之间,只要和任意一张圆碟不重叠、不接触就行。例如,另一张圆碟 b 可以像图7.8下图那样放置。于是,同上面一样,该直线上又立即得到了圆碟的另一个无限集合(每一个黑色小圆,并标记为 b'),它们之间相隔的距离均为单位长。依此类推,每张新加进去的圆碟都可以据此操作。但是,在圆碟的第一个集合中,剩下的中间空位是有限的,在直线上至多只有9张圆碟可放,否则,要想不重叠或不接触前面已放置了的圆碟是不可能的。由此可见,第10张圆碟不论放在何处,总会含有无穷多个点,使它同前面已经放置了的9张圆碟中的某一张有着整数距离。

上述证明显然可以推广到直径小于1的一切圆碟。若直径的分母是一个整数,可将它减1,其差数便是可以放置的最大碟片数。如果分母不是整数,可以弃去其小数部分,下调到与之最接近的整数。按照上述办法,直径为1的圆碟均不能用,直径为 $\frac{1}{2}$ 或 $\frac{1}{\sqrt{2}}$ 的圆碟,只有一张可以放置在直线上;直径 $\frac{1}{3}$ 的碟片只有二张可放,对直径 $\frac{1}{4}$ 或 $\frac{1}{\pi}$ 来说,有3张可放,直径 $\frac{1}{4.5}$ 的,有4张可放……以此类推。

尽管本题不能用直线求解,但却可以用抛物线来解决。

补 遗

在平琼(Thomas Pynchon)的知名小说《引力长虹》中,所谓"长虹",实质上是火箭的抛物线轨道,它是一个象征性的符号,标志着文明的崛起和衰亡。作者平琼还通过从抛物线衍生的许多典故,强化了主题,例如通向柏林的贫民窟的抛物线拱门,以及德国人企图建造抛物线声反射镜以反射声波,结果却以失败告终。

答 案

第一个问题要求我们利用抛物线迅速说出方程组

$$\begin{cases} x^2 + y = 7 \\ x + y^2 = 11 \end{cases}$$

究竟有多少组解。易知方程组的图像是两条相交的抛物线,见图7.9。由于两条抛物线相交于4个点,故知方程组共有4组解答,其中只有一组($x=2, y=3$)是整数解。即便你的图形画得不大准确,仍然可以肯定其他3组解答不是整数,只要把最接近交点处的格点坐标代到方程组里去测试一下就行。另外3组解全都是无理数,图7.9中给出了它们的近似值。

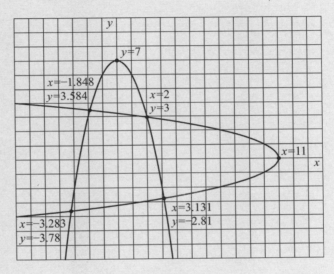

图7.9

第二个问题来自格雷厄姆,问的是能否把无穷多个一模一样的圆碟(直径小于1,设它是 $\frac{1}{10}$)放到平面上去,使圆碟上任何两点之间的距离都不是整数。答案是可以做到的。其中的一种放置法为,把圆碟的中心放置在抛物线 $y=x^2$ 上,即中心位于 $(1,1)$, $(3,9)$,$(9,81)$,$\cdots$,$(3^k,3^{2k})$,$\cdots$。由于篇幅所限,我已没有地方来披露格雷厄姆的那篇未公开发表的论文了。为此我只能不无遗憾地把它留作练习,让有兴趣的读者一试身手。

第 8 章
非欧几何

"平行线

相交于无穷远！"

欧几里得反复地，

热烈地，

极力鼓吹。

直到他死，

死后到了无穷远近旁：

他却发现那该死的东西

 竟然是发散的。

——*皮特·海因*（Piet Hein），

《格洛克，第六集》

欧几里得的《几何原本》是沉闷而啰嗦的，许多事实没有说清楚。如两圆可以相交，圆有内部与外部之分，三角形可以翻身，以及他的体系所必需的其他假设。按照现代标准来说，罗素（Bertrand Russell）可以把欧几里得第4命题称为"胡言乱语"，公开宣布仍在把《几何原本》用作教科书是一桩丑闻。

然而，从另一方面看，欧氏几何是第一个把这一学科组织成为公理体系的重大成果。责怪他事先未能预料到希尔伯特（David Hilbert）及其他学者为了使公理体系形式化而作的一切修补似乎也不太公平。欧几里得意识到他的著名的第5公设不是一个定理，而是一个没有证明也得接受的公理。这种远见卓识令人敬佩，不需要其他证据来说明他的天才了。

欧几里得对第5公设的说法相当复杂，人们很早就觉察到它可以被下述较简单的表述所取代：通过平面上不在已知直线上的一点，只有一条直线与已知直线平行。由于它不像欧几里得的其他公理那样直观明显，数学家们在以往2000年中，已作了多次尝试，打算把它去掉，使之变为一个建立在欧几里得其他公理基础上的定理。曾经出现过数以百计的证明，有些著名数学家认为他们已经成功，但后来总是发现，在他们的证明中某处出现的假设或者与平行公设等价，或者需要该公设才能成立。

例如,如果你能假定任意三角形的内角之和等于两直角,那就极易证明平行公设。不幸的是,不用平行公设,你是无法证明这个假设的。有一个早期的错误证明,据说出自古代著名学者米利都的泰勒斯(Thales)之手。证法的基石是矩形即拥有4个直角的四边形的存在。然而,如果不用平行公设,你是不可能证明矩形存在的!在17世纪,英国著名数学家沃利斯(John Wallis)相信他已经证明了第5公设。不幸的是,他并未认识到,没有平行公设,他那个假设(两个三角形可以相似而不全等)是无法证明的。还可以开出一张长长的清单,其中所用的假设都是在直观上明确无误、不容怀疑,然而它们仍然等价于平行公设,因而从某种意义上说,除非平行公设成立,否则它们是不成立的。

19世纪早期,试图证明第5公设简直成了一种狂热。在匈牙利,法卡斯·波尔约(Farkas Bolyai)把他的大半生扑了上去。在他的青年时期,他经常同德国朋友高斯谈论这件事。法卡斯的儿子雅诺什(János)对此问题如此着迷,以致他的父亲急忙写信劝阻:"为了上帝的原因,我求求你赶快放弃它。它简直如同洪水猛兽,危害之甚不亚于色情肉欲,因为它同样会耗尽你的全部时间,剥夺你的健康、平静的心境和生活的乐趣。"

然而雅诺什并没有放弃,很快他就坚信第5公设是独立于其他公理的。不仅如此,他还发现,如果把公设改变一下,假定通过一点可作无限多条直线与已知直线平行,就可以创造一门无矛盾且能自圆其说的几何学。于是他在1823年,自豪地写了封信给他父亲:"从无到有,我开创了一个崭新的宇宙。"

在法卡斯那时完成的一本书的附录里,法卡斯敦促儿子,让他发表这些惊人结果。"如果真的成功了,那就应该不失时机地立即公之于众。这样做有两个原因:首先是,一些想法极容易从一个人传到另一个人那里,别人可能抢先发表；其次，真实情况在于，在同一时代，许多事情可以在几个地方同时发现，恰如紫罗兰会在春天到处开花一样。另外，每一次科学上的搏斗就像是打一场残酷的战争，我不能说何时将有和平来临，因而我们必须在我们有能力时立即征服它。要知道，先下手为强，好处总是属于第一个赶到的人。"

然而，雅诺什重大发现的概要曾出现在他父亲的书里，但碰得不巧，该书的出版被推迟到了1832年。俄罗斯数学家罗巴切夫斯基（Nikolai Ivanovitch Lobachevski）比他先走了一步。罗氏在1829年的一篇论文中透露了同一种奇妙的几何（后来被克莱因称为双曲几何）的许多细节，从而击败了波尔约。更糟的是，当法卡斯把附录寄给他的老朋友高斯时，这位数学王子回信说，如果他称赞了雅诺什的工作，那就等于是在称赞他自己，因为他早已在多年前研究出来了，但并未发表片纸只字。在另外的信件中他说出了没有发表的原因，因为他不想惹起"皮奥夏人"（Boeotians）的咆哮和呐喊。他所谓的"皮奥夏人"其实是指他的思想保守的同事。（在古代雅典，皮奥夏人被认为是极其愚昧之徒）。

高斯的回答击碎了雅诺什的满怀希望，雅诺什甚至怀疑他的父亲把他的重大发现透露给高斯了。他后来读到了罗巴切夫斯基比他早发表的论文之后，他对这个课题彻底丧失了兴趣，从此再也不发表这方面的任何东西了。他写道："在毛罗什瓦萨尔海伊①这个地方，事物的真相当然不可能同在堪察加半岛或月亮上一模一样。"由于发表太迟，他丧失了赢得荣誉的机会，而这个荣誉，正是他梦寐以求、渴望获得的。

在某些方面，意大利人萨凯里（Jesuit Giralamo Saccheri）的故事甚至比波尔约更加可悲。早在1733年，在一本拉丁文的书《清除了一切瑕疵的欧几

---

① 原匈牙利地名，雅诺什那时的居住地，现为罗马尼亚特古穆列什。——译者注

里得》里，萨凯里已经真正缔造了两种类型的非欧几何学(下文将会讲到第二种)，然而他自己并未意识到!情况看来就是如此。总之，萨凯里拒绝承认这两种几何每一种都是自洽的，然而他又如此之接近于接纳它们，以致这种首鼠两端的态度使某些历史学家怀疑，他之所以要假装不相信，主要目的是为了争取能够出版这本书。贝尔在《数的魔力》提到萨凯里的一章中写道："如果率直地宣称非欧体系同欧氏几何一样'真实可信'，这种莽撞之举无异于邀请别人前来镇压和惩戒，于是这位几何学中的哥白尼只能依靠狡猾的遁词来搪塞。萨凯里采取投机手法，谴责了自己的工作，企图用这种虔诚的表现使他的异端邪说逃过审查官的眼睛。"

在此我要情不自禁地加上波尔约父子的两桩轶事。雅诺什是一名骑兵军官(对他来说，数学永远严格地只是一种消遣)，以他的剑术、善于演奏小提琴和暴躁脾气闻名一时。据说他曾向13名军官提出决斗，并且许诺，每胜一场，他用自己的小提琴为输家弹奏一曲。据说老波尔约是按照他自己的要求埋葬在一棵苹果树下，不立墓碑，以纪念历史上3只最著名的苹果:夏娃的苹果、作为选美奖品由大英雄派里斯献给女神维纳斯的金苹果、激发牛顿发现万有引力的那只坠落的苹果。

在19世纪行将结束之际，事情已经变得很清楚，平行公设不仅独立于其他公理，而且可用两种截然不同的方法加以改变。其中的一个取代办法是(就像高斯、波尔约与罗巴切夫斯基所建议的那样):假定有无限多条"超平行"直线通过已知点，结果将导致一门新几何的诞生，它同欧氏几何一样精巧与"真实"。除平行公设之外，欧氏几何的其他一切公设都依然有效，"直线"仍是一条测地线，即最短线。在这种双曲空间中，所有的三角形内角之和均小于180度，三角形越大，内角和也越小。一切相似多边形都是全等的。任何圆的周长均大于π乘以直径。双曲平面曲率的测度为负值(与之对照的是,欧氏平面的曲率为零),而且处处相同。像欧氏几何一样,双曲几何可以推广至三维空间以及一切高维空间。

第二种类型的非欧几何,即克莱因称为"椭圆几何",则是后来由德国数学家黎曼(Georg Friedrich Bernhard Riemann)与瑞士数学家施莱夫利(Ludwig Schläfli)建立的。它用下列假设取代平行公设,即通过已知点作不出任何直线与已知直线平行。在这种几何学里,三角形内角之和永远大于180度,圆的周长永远小于π乘以直径。任一测地线都是有限的、封闭的。每一对测地线中的线段都相交。

为了证明两门新几何的自洽性,人们已经对每一种几何提出了形形色色的欧氏模型。它们最终表明,如果欧氏几何是自洽的,那么另外两门新几何也是如此,毫不逊色。此外,欧氏几何已被"算术化",即已证明,只要算术是自洽的,那么欧氏几何也是自洽的。多亏了哥德尔,现在我们已经知道,算术的自洽性是算术本身证明不了的,尽管目前已经有了算术自洽性的证明(例如根岑(Gerhard Gentzen)在1936年得出的著名证法),然而此类证法在直觉主义者看来还没有一个可以完全认为是构造性的(见考尔德的《构造性数学》《科学美国人》,1979年10月)。有人说过,上帝存在,因为数学是自洽的,而魔鬼存在,因为我们不能证明它。

正如罗森布鲁姆(Paul C.Rosenbloom)所说,算术自洽性的种种形而上学的证明未必能使魔鬼消亡,但却大大压缩了地狱的容量,使它接近于零。时至今日,没有一位数学家会预期算术里面将出现矛盾(欧氏几何与非欧几何因此也将如此)。奇怪的是,卡罗尔倒是最后还在怀疑非欧几何的数学家之一。"这是个奇怪的悖论",几何学家考克斯特写道:"他可以让奇境中的爱丽丝由于吃了一小块饼而变大变小,可是却无法接受这样的可能性,即当三角形的边趋向无穷大时,它的面积仍然可以保持有限。"

　　只要看一下荷兰画家埃舍尔的名画"圆的极限Ⅲ"（见图8.1），就可以领会考克斯特心中的想法。这幅作于1959年的木刻（埃舍尔的少数几幅用了几种颜色的木刻画作之一）是一幅镶嵌画，所根据的原理是双曲平面的欧几里得模型。这种模型的构建者为法国大数学家庞加莱（Henri Poincaré）。在庞加莱的奇妙的模型中，欧氏平面上的任一点对应于圆内的一点，但不在圆周上。圆的外面，就如埃舍尔所说，乃是"绝对的虚无"。

图8.1

　　设想若干平面人生活在这一模型上，当他们从中心由内向外运动时，我们将看到他们的身材将变得越来越小，但他们自己却感觉不到任何变化，因为他们的一切测量工具都同样在变小。在圆的边界上，他们身体的大小将变为零，不过他们是永远到达不了边界的。倘若他们以匀速趋向圆周，则他们的速度（对我们来说）一直是在减小，然而在他们看来，速度是恒定不变的。所以他们的宇宙，我们看起来是有限的，但对他们来说却是无限的。双曲线形状的光按照测地线行进，但由于它的速度与它到圆周的距离成正比，因此它的行进路线被我们看成是与边界垂直相交的圆弧。

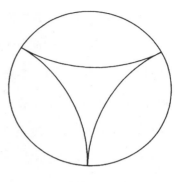

图8.2

在这种双曲世界里，有一个三角形拥有最大的有限面积，见图8.2所示。尽管它的3条"直"边的双曲长度趋向无穷大，然而它的三个内角为零。你切勿认为埃舍尔的"镶嵌图"是画在球面上的，其实它是一个圆，里面圈进了无穷多条鱼——考克斯特教授称之为"神奇的一网鱼"——越靠近圆周，鱼会变得越小。当然此图不过是双曲平面的一个模型，而在双曲平面中，所有的鱼都是形状、大小完全一样的。重要的是要记住，双曲世界中的生物在运动时不会改变形状，光不会改变速度，宇宙在一切方向都是无限的。

在埃舍尔木刻作品中的弯曲白线，并不是许多人所设想的那样用来模拟双曲测地线的。这些曲线称为等距曲线或超环。每条白线离连接弧两端的双曲直线都有着恒定的垂直距离（在双曲空间量度）。请注意，同样颜色的鱼沿着每根白线从头游到尾。如果你注意到4条鱼的鳍相遇的所有的点，那么这些点就是用45°角的等边三角形对双曲平面进行规则地覆盖的顶点。这些三角形的中心是3条鱼的左鳍相遇之点以及3条鱼的嘴与3条鱼的尾相接之点。45°角使8个三角形围绕一个顶点成为可能，而在欧氏几何的正三角形覆盖中，环绕每一个顶点只能有6个正三角形。

埃舍尔与考克斯特自1954年见面后，时有通信往来。埃舍尔对双曲平面覆盖的兴趣由一幅插图引起，它附在考克斯特1957年所写的一篇研究晶体对称的论文里,作者将论文与插图送给了他。在一篇可爱的题为《埃舍尔名画〈圆的极限Ⅲ〉中的非欧对称性》(《列奥纳多》第12卷,19—25页;1979年)的文章中,考克斯特认为每条白色弧与圆周的交角几乎等于80度(准确值是 $\mathrm{arcsec}(2^{\frac{7}{4}}+2^{\frac{5}{4}})$)。考克斯特认为《圆的极限Ⅲ》是埃舍尔所有绘画作品中数学难度最高、最成熟的作品,其中甚至潜藏着一个考克斯特当时估计不到、直到这一木刻问世5年后才发现的性质!

椭圆形几何可用球面来作粗略模拟。这时欧几里得直线变成了大圆。显然任何两条直线都不可能平行。还容易看出,由大圆弧组成的三角形,其内角之和必然大于两直角。类似地,双曲平面可以通过伪球面上的马鞍曲面来模拟,这种曲面是由一条等切面曲线绕着它的渐近线旋转而生成的。

在平行公设的独立性建立之前,"怪人"这个词经常被用来泛指一些想入非非的数学家,这些人往往自我陶醉,以为他们已经证明了公设。但同一个词不适用于后来几十年间的那些业余数学家,他们或者看不懂公设独立性的证明,或者过于自信,什么都想一试其身手。德摩根(Augustus De Morgan)在其名著《奇论集成》(经典性的怪异数学汇编)中向我们介绍了19世纪英国一位最坚持不懈的平行公设证明者汤普森将军(Generel Perronet Thompson)的事迹。汤普森一直在不断发布对他的许多证明(其中之一用到了等角螺旋线)的修改,尽管德摩根竭尽全力劝他放弃这种无效劳动,这位将军还是死不回头。汤普森还想用40个音符的音阶取代久经考验的钢琴常用音阶。

在美国,最可笑的平行公设证明者是教长卡拉汉(Jeremiah Joseph Callahan),匹茨堡杜肯大学的校长。1931年,这位卡拉汉神父宣称他已经解决了三等分任意角的问题,《时代》杂志曾有过恰如其分(不夸大,也不缩小)的报道,并登出了他的照片。下一年,卡拉汉出版了他的主要著作《欧几里得还是爱因斯坦:平行公设的证明与超几何的批判》(德文-亚代尔公司,1932年)。在这本310页的论文集中,他把争论升级到了带有偏见的人身攻击的高度。譬如说,爱因斯坦喝得"醉醺醺""他毫无逻辑头脑""他陷入了心灵迷雾",他是一个"粗心的思想家""他摇摇晃晃地蹒跚而行,头脑发晕,跌跌撞撞,失足摔倒在地,像是一个瞎子闯进了他不熟悉的土地"。卡拉汉花了许多笔墨丑化爱因斯坦,他在书中写道:"有时令人发笑,而有时又使人发怒……但希望爱因斯坦恢复理性,是徒劳的。"

究竟是什么原因使卡拉汉如此激动?原来,爱因斯坦采用了当初由黎曼提出、加以推广的非欧几何,其中物理空间的曲率随处而异,取决于物质的影响。相对论所带来的伟大变革之一就是:如果物理空间具有这种非欧结构的话,人们发现物理学从整体上可得到极大的全面简化。

时至今日,人们早已视为平常的是(这多么令人惊奇,而且我真感到高兴,康德会有同样的想法!),他们认识到,一切几何体系从抽象意义上说是同等"真实"的,然而物理空间的结构应该用实验来判定。高斯本人就想到了用3处山顶组成一个三角形,再看看它的内角之和是否等于两直角。据说他当真做了这种测试,然而得到的结果不足以得出结论。尽管用实验办法也许可以证明物理空间是非欧的,然而奇怪的是,没有办法证明物理空间具有欧氏几何性质!这是由于,零曲率是一种极限情形,介于椭圆形曲率与双曲形曲率之间。既然所有的测量都存在误差,偏离于零的微小误差总是会小得难以检出。

庞加莱的观点则是,如果光学实验似乎表明物理空间是非欧的,那么最好的办法还是继续保留空间的欧氏几何性质(这样做要简单得多),并假定光线的传播不走测地线。许多数学家与物理学家,其中包括罗素在内,也都赞同庞加莱的观点,直到后来相对论改变了他们的看法。怀德海(Alfred

North Whitehead）则是少数几个始终不改初衷的人之一。他甚至还写了一本有关相对论的书（现已被遗忘了），竭力主张要保留一个欧几里得宇宙（至少是一个有常数曲率的宇宙），如有必要，宁可修改物理定律（有关怀德海与爱因斯坦的论战，请参看帕尔特（Robert M. Palter）的著作《怀德海的科学哲学》，芝加哥大学出版社，1960年）。

物理学家们不再由于物理空间拥有广义非欧结构的概念而备受困扰。可是卡拉汉却不仅仅是困扰不安，他仍然坚信一切非欧几何都是自相矛盾的。爱因斯坦，好一个可怜家伙，竟然不知道证明平行公设是如此容易。倘若你对卡拉汉的所作所为，以及他所犯下的低级错误感兴趣，请参看沃德（D. R. Ward）在《数学公报》上的论文（第17卷，101—104页；1933年5月）。

同他们的要想三等分任意角、化圆为方以及寻找费马大定理简易证法的伙伴们一样，妄想证明平行公设的人是铁了心的。最近的一个例子是德国慕尼黑市的费希尔（William L. Fischer），他在1959年出版了一本篇幅有100页的《非欧几何批判》。斯图尔特在英国杂志《流形》（第12期，14—21页；1972年夏）上揭露了他的许多错误。斯图尔特摘引了一封信，费希尔在信中指责有权势的职业数学家们压制他的伟大著作，正规杂志拒绝刊登书评："剑桥大学图书馆甚至拒绝把我的小册子放在书架上……我只好写信给副校长来克服这一阻挠。"

当然，在循规蹈矩的数学与奇谈怪论的数学之间并不存在截然分明的判别标准，不仅如此，也没有明确界限来区别白昼与黑夜、有生命与无生命、何处是大洋的尽头、海岸从哪里开始。如果没有连绵的单词缀合，我们甚至不能思想与交谈。亲爱的读者，如果你已经有了一个证明平行公设的方法，请不要告诉我！

补　遗

设想围绕着地球的北极有个小圆。如果它不断扩张,它将在赤道达到最大面积,在此之后它开始收缩,直至最后在南极缩成一点。按照类似的方式,四维椭圆形空间中有一个不断扩张的球将在取得最大体积后,最后收缩成为一点。

除了本章叙述过的3种几何学之外,还应当追述一下波尔约曾经提到过的"绝对几何"。这种几何里的定理在所有3种几何里全部成立。令人惊讶的是,在欧几里得《几何原本》中的前28个定理就属于这种范畴,另外再加上一些别的新奇定理,它们已被波尔约证明为独立于平行公设之外。

当我看到1984年出版的一期《科学与技术的思索》上刊出的一篇文章(第7卷,207—216页)之后,不禁大为吃惊!这是一篇支持卡拉汉神父平行公设证明的文章。作者是黑兹利特(Richard Hazelett),美国佛蒙特州科尔切斯特市黑兹利特带钢铸造公司的副总裁,论文合作者是格里来市北科罗拉多大学的教师特纳(Dean E. Turner)。黑兹利特是一位机械工程师,有着得克萨斯大学与波士顿大学的硕士学位。在基督信众堂任牧师的泰勒(Taylor)先生甚至还有得克萨斯大学的博士学位。

不难理解这两个人何以都不愿接受爱因斯坦的广义相对论。其实他们已经编了一本攻击爱因斯坦的书,名叫《爱因斯坦神话与常春藤论文》,在1979年由德文-亚代尔公司出版。

第9章

选举的数学

些怪异的悖论与反常现象不时卷入民主选举的过程之中。这些矛盾是怎样涉及多数选举和选举人团的活动,本章将讨论这些问题以及相对新的体制,即所谓的联记投票。政治科学家们对联记投票的程序和做法兴趣越来越大,它能设法避免潜伏于其他选举体制中的逻辑矛盾。

本章对选举数学的讨论并非由我所写,作者是斯蒂恩(Lynn Arthur Steen),他是明尼苏达州诺思菲尔德市圣奥拉夫学院的数学教授,以前当过《数学杂志》的编辑。斯蒂恩经常撰写数学科普文章,并由于他在写作方面表现出来的突出业绩而两度获得美国数学协会的福特奖(Lester R. Ford)。他还编过一些书,其中有:《今日数学:十二篇不拘一格的文章》(斯普林格出版社,1978年),以及同加夫尼(Matthew P. Gaffney)合写的《数学科学中说明性著作评注书目》(美国数学学会,1976年)。

以下的文字都为斯蒂恩所写,他的题目为《选举的数学:那些数字同它们所说的情况一致吗》。

以往数年,在"三中选一"的竞争中胜出的候选人有望成为美国总统的现象已经把公众的注意力集中到了选举策略的重要性与选举人团特别的怪招之上。尽管美国选举人团对总统选举的复杂影响是独一无二的,然而由三中选一的竞争所产生的其他不确定性则并非如此。当广大公众必须从超过两名候选人中作出选择时,选择将变得十分困难。出现的困难与可能的解决之道都来自选举的数学理论,而它迄今依然少为人知。

社会与民主的结盟取决于一个明白无误的基本原理,这种数学概念说起来十分简单,那就是多数决定一切的观念。除了那种不大可能出现的打成平局的情况之外,在任何一场二选一的选举中,或此或彼,必有一方获得过半数的选票。但如果有三个或更多个选择,而他们又是大体上势均力敌的话,结果就不见得是多数决定一切了。正是出于这种原因,许多人相信两党制对维持美国式民主的稳定性是必不可少的,尽管这样的体制既非来自上级训令,亦未获得美国宪法的认同。

尽管数学理论与政治理想主义看好两党体制,可是公众还是会面临3个或更多候选人的局面。多年以前曾经出现过卡特、里根、安德森3人竞选总统之事。倘若没有出现压倒性多数,这类多名候选人之间的竞争是很难公正解决的。然而,在任何一场自由选举中,这种情况很易发生。实际上,运用一点简单的数学知识即可了然:实际上并没有什么位置可以使二选一竞争中的候选人不受第3或第4位候选人攻击的伤害。

如果在两名候选人的选举中,每个结果都可用投票者在一维尺度上的打分来表示,那么,不管投票人对候选人的态度如何分布,每位候选人的最佳位置都是图上的中位线,即把全体选民分为同等数量的两大阵营的那一个点。不论公众意见是呈正态分布(位置与支持者人数的图像有一个集中的单峰),还是一分为二(此时图像有两个近似相等的峰)、剧烈地偏向一侧或者分布得极不规则,最佳位置仍然是中位线。现在把上述的各种情况都分别举出一个实例,并标上中位线,见图9.1所示。

现在考虑一场两名候选人的竞选,其中一位候选人占据了中位线稍稍偏左的位置,另一人则是大致位于样本总体右一半的中间位置。这种情况

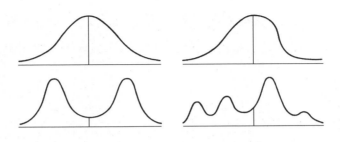

图 9.1

相当典型,是中间派候选人 C 与中间偏右候选人 R 的竞选。此时不妨合理地假定,偏爱度位于中间派候选人 C 所站位置左侧的选民将把票投给 C,偏爱度位于候选人 R 所站位置右侧的选民将票投给 R,偏爱度介于两者之间的选民将票平均地投给两位候选人。在上述情况下,按照选前的民意测验,中间派候选人将获得多数选票。

　　候选人 R 在民意测验中提高名望的唯一办法(就这种单一结果而言)是把他站立的位置尽量朝分布的中间移动,以保证有更多的选民站在他的一边。向中间或者向左移动对右翼候选人总是有利的。与之类似,左翼候选人如果要想提高自己在选民中的名望,只能把他的立场向中间或向右移动。中位线则是唯一的、不能通过移动而获得改善的位置,左翼或右翼候选人都别想通过移动中位线而从中得利。

　　这样的分析当然没有多少新内容可言,它不过是在总统选举政治中很普通的一点经验而已。代表右翼或左翼利益的候选人开始时总是采取旗帜鲜明的或右或左的立场,然后总是会逐渐向中间移动以争取更多的支持者。然而,在两位候选人的选举中,最有吸引力的中位线位置最经不起来自第 3 位或第 4 位候选人的攻击。在两位候选人的立场都很接近中间的对决中,只要有第 3 名候选人站到左侧或右侧,他总会得到多数选票。实际上,不论全体选民的分布曲线呈现什么形状,没有一个两名候选人对决的位置能使至少一名候选人不被第三者击败。如图9.2所示,在一维连续统中总会有一个地方,新来的候选人抢占以后就能击败一个或多个与之相距甚近的候选者。

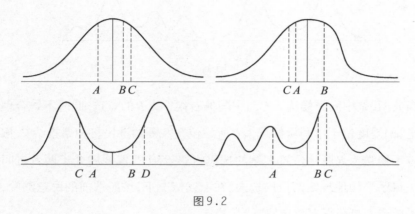

图9.2

个别案例不大可能在选举中起到决定性作用。因此,以一些个别案例为依据的选举分析不会有很大用处,除非它们可以结合起来,设计出一个政治纲领来保证一位候选人获胜。然而,要想设计一个稳操胜券的纲领实在复杂之至,因为一个完全由胜利的、得到多数支持的政策构建起来的纲领,还是有可能以失败告终。正如抛掷钱币有正、反两面那样,钱币的反面是:多数纲领可由少数人的政策构建起来。换言之,少数人的联盟可以形成多数。

为了搞清楚何以会出现这种悖论,让我们来考虑以下最简单的情况,一次投票将决定两个不相关的、两歧分叉的问题,用决议A,B来代表它们。在这种情况下,选民实际上有4种选择:

Ⅰ.赞成A,B。

Ⅱ.赞成A,反对B。

Ⅲ.反对A,赞成B。

Ⅳ.反对 A,也反对 B。

赞成 A、B 的投票人可以将 Ⅰ 作为他们的第一选择,Ⅳ 作为他们的第4选择,而把 Ⅱ 作为他们的第二位或第3位选择,这要取决于他们对 A 或 B 哪个更有好感。赞成 A 而反对 B 的投票人对4种选择的依次排序可以是 Ⅱ,Ⅰ,Ⅳ,Ⅲ(或 Ⅱ,Ⅳ,Ⅰ,Ⅲ)。一般地说,每一位选民都可以在 $4 \times 3 \times 2 \times 1 = 24$ 种可能的排列中任选4个来排序(这决不意味着各种排序是同等可能的;譬如说,很难想象究竟出于什么原因会使人家选择 Ⅰ,Ⅳ,Ⅱ,Ⅲ 这样的排序)。

为了简单起见,现在设想500个投票人(譬如说在某个党派的全国代表大会上)分成3个派系或集团来进行投票:派系 X 有150位投票人,他们的4种排序为 Ⅰ,Ⅱ,Ⅲ,Ⅳ;派系 Y 也有150名投票人,打分排序为 Ⅱ,Ⅳ,Ⅰ,Ⅲ;派系 Z,有200个投票人,排序为 Ⅲ,Ⅳ,Ⅰ,Ⅱ。在此种情况下,派系 X 与 Y 合起来有300票赞成决议 A,而 X 与 Z 合起来有350票支持决议 B。但由于形成多数的是不同的投票人,由"赞成 A"和"赞成 B"两项政策构筑的政治纲领还是可以被350票的 Y 与 Z 结盟击溃!

这种令人惊讶的现象是众所周知的循环多数反常的一个特例。如果有3位投票人,他们的偏爱度分别是:A 第一,B 第二,C 第三;B 第一,C 第二,A 第三;C 第一,A 第二,B 第三,那么任何一位候选人都可以被别的候选人在一场两个候选人的对决中以二对一的比数击败。当一场选举产生循环多数的结果时,没有一种结局的位置集合可以免于遭受新的少数联合的攻击,而它正是鼓励第3个或第4个候选人的另一个因素。

图9.3表明,上例中所说的4种政策选择如何组合而产生一系列的循环多数,从而说明为什么由多数政策构建的纲领只代表了少数人的意愿。图中连接不同纲领的箭头表示选举时的优劣:双方对决中,箭头指向的纲领

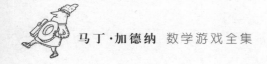

选择(*A*、*B*代表不同的决议)

 Ⅰ.赞成*A*与*B*。

 Ⅱ.赞成*A*,反对*B*。

 Ⅲ.反对*A*,赞成*B*。

 Ⅳ.反对*A*,也反对*B*。

赞成	策略	选票数	偏爱度的排序
X	强烈支持*A*,温和支持*B*	150	Ⅰ,Ⅱ,Ⅲ,Ⅳ
Y	强烈支持*B*,温和支持*A*	150	Ⅱ,Ⅳ,Ⅰ,Ⅲ
Z	强烈支持*A*,温和支持*B*	200	Ⅲ,Ⅳ,Ⅰ,Ⅱ

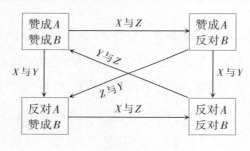

图9.3

总是会输给发出箭头的纲领。得胜的派系标在相应的箭头旁。这个图表明,任何一种可能的纲领都可以被别的纲领击败。因而,其派系如本例所示的代表大会将陷于一系列无休无止的纲领变幻的泥沼,每一次动议都能击败其前一次,各种结盟反复无常。

  循环多数的现象也应为最著名的选举悖论负责。阿罗(Kenneth J.Arrow)在1951年证明,某些被一般人公认的选举方案在逻辑上是不自洽的。倘若只有两位候选人,不会产生任何问题,如果在一次投票中出现了3名或更多候选人,那就会乱得像一锅粥。

  除了传统的多数取胜原则之外,还存在着各式各样决定选举输赢的方案。在这些方案中,有许多是18世纪的学者为了实现法国大革命的民主理想而设计出来的。尽管其中有些建议过于复杂，完全不切实际而遭到废弃，然而有一些方案却仍在普遍使用，特别是在一场选举中给各位候选人打分（得到最高分的人是赢家）以表示偏爱程度的办法。用淘汰赛的办法来进行选举的各种方案目前也还在实施。然而，正如阿罗所指出，在这些方案中，没有一种办法（除了"仁慈的"独裁统治之外）能够满足常识性的规律：若A优于B，B优于C，则A应当优于C。循环多数现象把所有的选举方案都搞成了无法预测的谜。

有3位候选人参加的竞选中，另一个重要的选举问题是，在许多情况下，投给最喜爱的候选人的一票竟然会增加最不喜欢的候选人当选的机会（这样的怪事在安德森参加美国总统竞选时经常可以看到。许多偏爱安德森甚于卡特、偏爱卡特甚于里根的选民相信，安德森的大多数选票损害了卡特的利益）。这种反常现象经常会导致一些深思熟虑的投票人采用所谓的不老实或老于世故的投票法（两者名异而实同，究竟叫什么，取决于投票人的观点）。

如果普遍采用"老于世故"的投票方法，则将导致一种严重的混乱状态，这时将没有人投票给他的首选对象，公众意愿遭到了严重的扭曲。一位安德森的支持者，对他来说卡特是第二位的选择，此人在投票时为了防止里根当选，有可能把票投给卡特而不投给安德森。如果有相当多安德森的支持者照着此种方式去做，那么事情就糟了。当然，也会有一些里根的支持者支持起安德森来，以阻止卡特的当选。如果其他选区选民也如法炮制这种猜测性的选举策略，那么就将迅速造成一种极其荒谬的不诚实的层次结构，从而使选票不能反映投票人真正的优先选择。如果这样的过程也要加进去作为一个重要问题来考虑，那么它更是个博弈论问题而不是传统的选举理论问题，很难把一张合法的委任状颁给获胜者。

阿罗定理表明,对多名候选人来说,不存在什么"完善"的选举方案。不过,被人称为联记投票的过程却可以反映公众意愿,而不至于引诱任何人去搞不诚实的投票。在联记投票中,投票者可以在选票上使他满意的每位候选人的名字前做记号(例如打√),得到最多同意票的候选人便是赢家。

在这种体制下,不投首选对象的票,而去投第二位候选人的票,这种做法是完全不符合选民利益的。实际上,如果多数候选人似乎都有同等的获胜机会,合乎情理的做法就应当对自己信任的全部候选人都投上赞成票。这种做法的结果仍在获胜平均线之上。对多位候选人投赞成票自然会增加未获选民首选者的当选机会,无异给他提供了不必要的支持。可是,如果只给少数候选人投赞成票(极而言之是只对首选对象投赞成票),那也等于是撤销了对一位可以接受的折中候选人的支持,增加了最不愿接受的候选人当选的风险。

纽约大学政治学教授布拉姆斯用短语"一个人,n张票"来描述联记投票。这种说法非常恰当,因为联记投票不过是让选民想投多少票就投多少票的办法,允许他给每一位可接受的候选人投上一票。在这种体制下清点已投的选票也很容易,不需要在选举中途搞什么淘汰。无论从理论或实践来看,联记投票不失为介于一张票只能选一人(鼓励欺诈与不老实)与开列一张谁先谁后的完整清单(这种做法过于复杂,在任何选举中都无法实施)之间的很好折中。

图9.4揭示了一场完全假设的三选一选举战中4种选举方法的对照:联记投票、多数取胜的选举、淘汰选举以及打分数选举。在"赞成这种排序的总票数"一栏中,列出了候选人的各种排序(共6种)情况,由于C得到的首选对象票最多,他将在传统的多数取胜选举中获胜。在淘汰选举中B将被排除。由于A能捡到足够多的第二位选票(来自第一轮选举中投票给B的选

候选人的 先后排序	赞成这种排 序的总票数	同意选票	
		首位选择	首位与第二位选择
A,B,C	30	20	10
A,C,B	5	5	0
B,A,C	20	10	10
B,C,A	5	5	0
C,A,B	10	5	5
C,B,A	30	20	10
总计	100	65	35

多数取胜
的选举
A　35
B　25
C　40

淘汰
选举
A　35+20=55
C　40+5=45

打分
数选举
A　35(3)+30(2)+35=200
B　25(3)+60(2)+15=210
C　40(3)+10(2)+50=190

联记
投票
A　25+10+15=50
C　15+10+20=45
C　25+15+0=40

图9.4

民),结果能以55对45的战果打败C而最终胜出。在最简单的打分数选举中,列为首选对象者打3分,列第二者打2分,屈居第三者给1分。由于很多投票人(共60人)把B视为第二选择对象,因而在淘汰制选举中遭到排斥的候选人B在这种选举体制下将会是赢家。

联记投票的结果将取决于投票人的决定:只投首选对象的票,认为只有首选对象可以接受,还是除了首选对象以外,其他候选人也可以接受(因为本例只有3名候选人,所以不妨假定没有一张选票是3个候选人都选的;事实上,3人都选是合法的,但却是一种无谓的浪费,因为它将会给每个候选人的总票数加上同样的数目)。就本例而言,由于65名投票人只支持他们的首选对象,而A获得50张同意票,从而赢得选举。但如果某些投票人可以同意三中取二的办法,那么,B将赢得最多,因为有很多选民把他列为第二位选择对象。由此可见，在联记投票体制中，即使只有一小部分选民同意把选票投给多名候选人，也很容易改变选举结果。故而，在这种选举体制下，制定合适的竞选战略至关重要，有时需要向选民宣传，只投一个人的票是最好的选择，有时却要试图说服选民，他是可以接受的。

当然，在美国，总统选举采用的是一种完全不同的选举人团规则。美国历史上，大部分时间实行的选举人团是一种单位投票法，即对各个州来说，获得多数票的人将取得该州的全部选票。根据美国宪法，在这种体制下还有其他一些重要规定足以影响有3名候选人竞选的最后结局（特别是，禁止把决定总统选举的职责从选举人团转移到国会），但我们在这里只限于探讨单位投票法的后果。

有一种普遍看法，认为选举人团的单位投票法对小州，即人口较少的州有利。因为每一州的选举人票数要比按人口数分配的代表数多出两票。相对说来，额外增加的两票（表示每州有两名参议员）确实增强了小州的力量，削弱了大州。

令人感到诧异的是，在总统选举中，一个州的有效力量实际上同该州人口数的 $\frac{3}{2}$ 次方成正比。结果，大州选举的重要性相当于小州的3倍。这个惊人的结论可以从初等概率论直接推论出来，并且同最近几次总统选举中候选人的费用开销基本一致：候选人真的把各种竞选资源不成比例地耗用在大州，而牺牲掉小州。

所谓" $\frac{3}{2}$ 次方法则"是基于一种假设，即各候选人在各州所作的竞选努力都是抓大顾小，与实际情况相匹配（在最近几次的竞选活动中，通过对比各候选人的时间与金钱的调度分配，表明以上假设是完全符合实际情况的）。推理从最明显的事实出发：每位候选人都想方设法力争达到他期望的选举人票数,这个数是每个州的选举人票数与候选人在该州赢得多数的概率的乘积,以它作为一项,然后把50个州的相应各项累加求和,用方程的形式表达出来。接着,还得一州一州地比较不同候选人所作的竞选努力,考虑各种趋势与动向。经过以上一番研究之后,终于证明,使预期中的选举人票数最多的最好办法莫过于大致按照各州选举人票数的 $\frac{3}{2}$ 次方来分配竞选资源。我们不妨举一个例来说明。虽然加利福尼亚州的选举人票数大致等于威斯康星州的4倍(45对11),但按照 $\frac{3}{2}$ 次方法则, $4^{\frac{3}{2}}=8$,即候选人投在加利福尼亚州上的资源应该是投向威斯康星州的8倍。

要理解在选举人团政治中,何以大州得多于失,另一条途径是衡量任何一张具体的选票在"摇摆州"决定候选人胜负时所起的决定性作用。这一决定性的测度是评估一位个别投票人力量的传统方法。所应知道的数据便是:为了在某一州使选举结果逆转,究竟需要多少张选票(指平均数)。

计算表明,在一个有 v 张选举人票数(在选举人团里作为一个单位来投票)的州,作为个体的人的决定力与 $\sqrt{v}$ 成正比。由于在选举人团里,一个州的决定力被放大了与该州选举人票数相应的倍数,因而在总统选举中,每一个州所作的贡献大体上应该与 $v\sqrt{v}$ 成正比,也就是同 $v^{\frac{3}{2}}$ 成正比。

为了对不同州选民的相对选举力量作出评估,必须考虑由" $\frac{3}{2}$ 次方法则"所导致的、有利于大州的倾斜,也应计入由于增加两名参议员而使小州获益的倾斜。个别选票的重要程度决不是对每个选民都一样,而是由其所在州的力量中他所占的份额来决定的。图9.5表明,不同的州,选举力量是截然不相等的(图中虚线代表假想的力量的平均分布)。

选举终究是感情重于逻辑,基于信仰而不是基于理性。然而,正如以上各个例子所表明的那样,选举的数学有着十分微妙与难以预测的后果。像

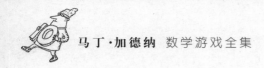
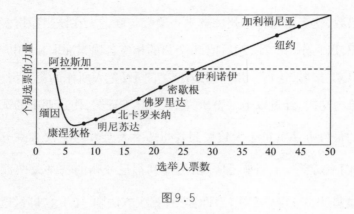

图9.5

人类经历的其他许多领域一样,天真的愿望可以被简单的数学结构打得粉碎,而破坏者往往以悖论与反常的伪装出现。

148

第 **10** 章
一个环面悖论与其他趣题

1. 一道伤脑筋的扑克题

每个扑克玩家都知道,同花顺子(图10.1左)可赢炸弹(图10.1右)。

图10.1

究竟有多少种同花顺子呢?在每种花色中,同花顺子的最小一张牌可以是A,也可以是2,直至10(A的地位可高可低,既可视为一点,也可看成比K还大的牌),共有10种可能性,由于扑克牌一共有黑桃、红心、方块、梅花4种花色,所以一共有4×10=40种同花顺子。

那么,炸弹又有多少种呢?只有13种。既然物以稀为贵,为什么同花顺子可以打败炸弹?

2. 印度象棋之谜

人们盼望已久的斯穆里安精心收集的一些象棋问题终于由克诺夫出版公司在1979年出版了,书名叫作《夏洛克·福尔摩斯的象棋之谜》。这本书如破天荒的逻辑怪题汇编——斯穆里安的名著《这本书叫什么名字?》一样一鸣惊人,如此有趣、精彩、富有原创精神的象棋书真是前所未见。

正如斯穆里安在引言中说的,要看懂这本书,不能不懂得象棋规则,但书中的问题实际上定位于象棋与逻辑的边界线上。书中大部分的象棋问题着眼于棋局的未来发展,譬如说,如果白方先走,怎样才能在3步之内将死对方。斯穆里安的问题属于倒退的逆势解析(简称逆行分析)范畴,需要重建过去的局势。而这只能依靠小心翼翼的演绎分析,即应用斯穆里安所谓的"象棋逻辑"来导出。

福尔摩斯对这类问题将会表现出热情,他的这股狂热又肯定会引起华生医生的兴趣,特别是华生从福尔摩斯那里学到一些象棋逻辑的基础知识之后。斯穆里安书中的每一个问题都处于夏洛克式文艺大杂烩的中心,由华生用其熟悉的风格加以描述。其中有些问题非常古怪,很难相信它们会有答案。例如,其中有一个问题,福尔摩斯证明白方在两步之内可以将死对方,但实际上不可能得出具体办法。在另一个问题中,福尔摩斯指出,昔日的象棋规则把一只升级的兵改变为对方的一只棋子,这时将会产生一种异乎寻常的情况:即使所有以往的棋子步法都属已知,仍然无法判定"王车易位"是否合法。

在该书的另一半中,福尔摩斯与华生漂洋过海,来到东印度群岛,企图通过破译密码与棋局的逆推分析找到岛上秘藏的珍宝。他们的第一次冒险发生在船上。当时有两个来自印度的人在下国际象棋,一方执红,另一方执绿,而非通常情况下的黑子与白子,或者黑子与红子。

福尔摩斯与华生来到现场时,两个下棋者正好暂停下棋,到甲板上散步去了。棋局情况如图10.2所示。有几个象棋爱好者正在说三道四,企图判定哪一方是白子,即先走的一方。

绿方

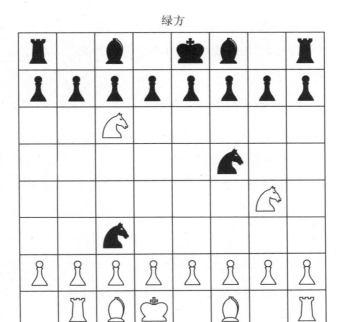

红方

图10.2

"先生们,"福尔摩斯向他们打招呼,"没有必要去瞎猜,可以用推理手段判定哪一方先走。"

在逆向分析棋局的各问题中,不需要假定哪一方走出好棋,只要他们遵守游戏规则,走法正确就行。现在,你们的任务是要判定何方先走,当然是要用铁证如山的逻辑来加以判定。

3. 石油富国的再分配

这些日子,政治哲学家们之间经常谈论的一个时兴口头禅便是"再分配与社会公正"。理想的现代工业化国家是否应该劫富济贫,向有钱人征税以进行财富的再分配呢?哈佛哲学家罗尔斯(John Rawls)在他的一本有影响的著作《社会公正论》里认为,答案应为"是"。然而,他的同事(他们的办公室互相毗邻)诺日奇(Robert Nozick)却在引起争议的宣扬极端自由主义的著作《无政府主义,国家与乌托邦》里,坚决说了"不"。很难想象这两位信仰民主与自由发展的政治理论家在政府应该拥有的权力问题上竟然会有如此对立的看法。

在马里兰州格林贝尔特市的彭尼(Walter Penney)所设计的下列问题中,盛产石油的某国酋长从未听说过罗尔斯或诺日奇,却有着他自己的主张。他为他的石油国设计了一个共享财富规划。他把该国全体人民分成5个经济等级,第一级赤贫,第二级很穷,……,第五级最富有。他的规划是结对平均财富法,首先是第一级与第二级,然后是第二级与第三级,第三级与第四级,最后轮到第四级与第五级。所谓"平均",是指把两级人口的全部财富,平均分给每一个人。

该国首相赞成这种均富计划,但他建议平均的过程应从第五级与第四级开始,然后向下而不是向上推行。

试问:赤贫级的人宁愿采用哪一种办法?最富的人呢?

4. 每小时50英里

一辆火车沿着直线轨道一刻不停地行驶,它用每小时50英里的平均速度走完了全程500英里。不过,在路上时快时慢,速度有所不同。似乎可以相信,在全程500英里的路上,没有哪一段50英里的路程列车是正好用了一小时走完的。

请证明,实际情况并非如此。

154

5. "啊哈!"分币跳棋游戏

在纸上画一个5×6点阵,然后作一条直线将它一分为二,两部分都是含15个点的三角形。在直线上方的各点放上15枚分币,或其他小东西。

交给你的任务是要把直线上方的分币移动到下面去。每一步都应该是一个跳步,把一枚分币跳过与之相邻的另一枚分币,跳到前方空着的点上去。跳步可以向左或向右,也可向上或向下,但不准斜跳。例如,作为第一步,第一行第4列上的那枚分币可以向右跳到同一行第6列那个白点

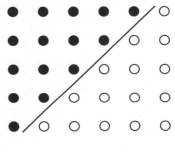

图10.3

的位置;也可以向下,跳到该列的第3个点。所有的跳跃动作都类似于西洋跳棋,但只限于水平或垂直方向,被跳过的分币也不拿掉。

我们并不关心用什么样的最少步数的动作把分币转移到图上的白点位置,而只是关心此种转移究竟能否办到。现在要考虑3个问题:

A. 任务究竟能否完成?

B. 如果有一枚分币从黑点处移走,剩下的14枚分币能不能跳到白点上去?

C. 如果从黑点处拿掉两枚分币,剩下的13枚分币能否跳到白点上去?

这个新问题的设计者是IBM公司华生研究中心的韦格曼(Mark Wegman)。它之所以特别有趣,因为上述3个问题都能在10岁孩子所掌握的知识范围内,通过"啊哈!灵机一动"的奇思妙想迅速予以解决。

6. 一个环面悖论问题

两位拓扑学家在午餐时讨论了两个联结在一起的曲面(见图10.4左)的问题,他们中间的一人把它们画在餐巾纸上。你不要把这些东西想象为绳索或橡皮圈那样的固体物。它们都是环状曲面,其中之一的亏格为1(一个洞),另一个的亏格为2(两个洞)。

用"橡皮薄片上的几何学"来考虑问题,假定图上的曲面可以随心所欲地牵拉扭曲,只要不把它们撕破或原本分开的部分粘贴在一起。现在问你,通过这种拓扑变换,能不能把一个洞套出来,如图10.4右所示。

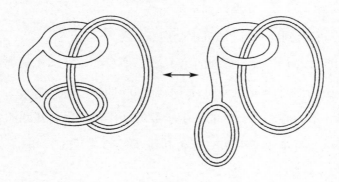

图10.4

拓扑学家X先生认为不可能,他提供了以下的证明。在两只套环的圈上都像图示那样画了黑线。对左图来说,两个环是套在一起的,但右图却分开了。

X先生说:"你们将会同意,在三维空间中把两个套在一起的环解开来,采用连续变形的方法是做不到的。这样,我们立即可以得出结论,变换是不可能的。"

"然而,根本不是这回事。"Y先生说。

156

究竟谁说对了?在此,我要感谢泰勒,是他发现了这个奇妙的问题,并寄给我公开发表。

答　案

1. 一道伤脑筋的扑克题

为了解决此题,我们必须考虑以下事实:拿到4张一样点数的牌("炸弹")者,手上还有第5张牌。对每一个"炸弹"来说,一共有48张不同的第5张牌,于是共有48×13=624手"炸弹",然而,同花顺子只有40手。显然,同花顺子比炸弹更为难得,从而同花顺子可赢炸弹。此问题是由格林布拉特(M. H. Greenblatt)投稿给《趣味数学杂志》的(见该刊第5卷第1期,39页;1972年1月)。

2. 印度象棋之谜

斯穆里安证明绿方先走,证法如下:

红方目前的王棋正处于被"将"的状态,所以绿方走了最后一步。接下来可以通过清点走了奇数或偶数步来解决何方先走的问题。

b1处的车走了奇数步,其他3只车的每一只都走了偶数步(也可能一步都未走过)。红方的马合起来共走过奇数步,因为它们目前正处于同样颜色的格子里,而绿方的马合起来走过偶数步(马每走一步,棋盘格子的颜色就会改变)。一只王棋走过偶数步(也可能一步未走),另一只则走了奇数步。象与兵根本未动过,两只后棋则在它们走动之前就被吃掉了。全部加起来,总的步数

157

是奇数,由此可知绿方先走。因而绿方相当于白子,红方相当于黑子。

3. 石油富国的再分配

乍一看很令人惊奇,石油国的最富阶层与赤贫人民都宁愿采用从上到下的平均过程。最富阶层宁愿同次富者在后者的财富面临"缩水"之前先进行平均。而赤贫的穷人宁愿最后才同次贫的人进行平均,因为后者的财富由于平均而有所增加。

只要举个实例就可以把事情说清楚。假设5个阶层的财富之比为1:3:4:7:13,则从下至上的平均过程使比例变为2:3:5:9:9,而从上至下的平均过程则使5个阶层的财富之比变为3:3:5:7:10。

宾夕法尼亚大学经济学教授萨默斯(Robert Summers)就石油国财富再分配问题,给我送来了以下的评论:

当然,表明最低和最高收入阶层都宁愿采用首相而不是该国酋长的办法,说清楚这一点并非难事。道理很简单,因为不论富人还是穷人,都希望他们的收入同收入尽可能高的人去进行平均。该国首相的变通办法——从上到下的平均过程——向上调整了第二级在与最底层平均之前的收入。与此类似,次富阶层在因平均而降低收入之前就先同最富阶层拉平了。至于第二级、倒数第二级以及中间的各阶层喜欢哪种平均办法,则要取决于他们收入的特定分布。所谓洛伦兹曲线反映了这种不确定性。

在你所举的例子之外还有几个有趣的问题:(1)如果两种再分配方案不断地反复执行,那么从上至下与自下而上的办法所得之极限分布有何差异?从某一特定阶层的角度来看,一种办法会不会比另一种办法更好些?从任何一种收入的初始分布出发,不断地无限重复算术平均过程,最终会得到完全相等——即绝对平均的结果。原先收入低于这个平均数的人自然会感到高兴,不管它自上而下还是自下至上,而原先收入高于平均数的人当然不高兴,两种方案都不乐意。关于这一点,可以用双重随机矩阵导出的若干定理来作出一般性证明。(2)设想在该石油国的总人口中,任意挑出两个人,结成一对,将两人的总收入一人一半。如果这个过程不断重复,遍及一切可能对子,则最后的财富分布会是什么样子?如果随机结对发生了无限多次,则最后的极限分布又将如何?我有一个未经证实的强烈猜想:最终还是会得到绝对平均的结果。

4. 每小时50英里

把500英里的路程分成10段,每段50英里。如果有一段正好走了一小时,那么问题即告解决,所以必须假定走每一段的时间要么少于一小时,要么多于一小时。从而可以推出,至少存在一对互相毗连的两段,其中的一段(称之为A)用少于一小时的时间经过,而另一段(称之为B)则耗时多于一小时。

设想一个长达50英里的巨大量杆放在路段A上,在你心中想着把量杆朝着路段B的方向慢慢滑动,直到它完全同B吻合。在你滑动量杆时,火车行驶50英里的平均时间将慢慢地连续变动,从小于一小时(A段)变到多于一小时(B段)。因而至少存在一个地方,量杆所覆盖的这段路程,驶过正好需要一小时。

有关本问题的更多技术性描述,请看鲍斯(R.P.Boas)的《慢跑者运动学问题的评注》(见《美国物理杂志》第42卷,695页,1974年8月),文中讲述了一位慢跑者以8分钟跑一英里的平均速度跑了一段整数英里数的故事。

5. "啊哈!"分币跳棋游戏

解决这种分币跳棋游戏的窍门是把图10.5涂色,得出图中的9个黑点。显然,不管你怎样跳法,处于黑点位置的任一分币只能跳到另一处黑点。

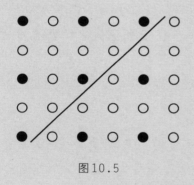

图10.5

线上有6个黑点,但线下只有3个。因此,根据鸽巢原理,线上必然会有3枚分币无法到达线下。把所有的分币跳到线下的任务是没有办法去完成的,除非在左上方的三角形阵列中事先拿掉3枚分币。只要拿掉其中任意3枚,把剩下的12枚分币跳到线下就不难了。

施瓦兹来信指出,即使准许分币斜跳或者沿着对角线走象步而不跳,不可能的证明依然成立。阿比纳利(David J. Abineri)则寄来了另一个不可能性的证明,证明的基础依然是鸽巢原理。

将各个纵列编号为1,2,3,4,5,6,把第1,3,5列上的各点都作为黑点。这样一来,不论横跳、直跳还是斜跳,黑点处的分币始终只能留在黑点的位置。游戏开始时有9枚分币占据黑点的位置，但线下却只有6个黑点。

6. 一个环面悖论

通过图10.6所示的连续变形，可使套在一起的圆环从两个洞的圆环中解套，变为一个洞的串联。认为此种任务无法完成的不

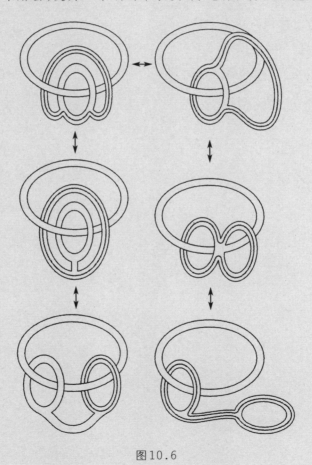

图10.6

可能性的证明之所以失败,是由于在一个洞的周围对圆环涂色(见图上的黑线),则其扭曲变形的方式十分奇异,以至在一个洞解套后,涂了色的圆环依旧通过另一个洞而串联在一起。

对于类似的伤脑筋问题,包括相互钩连的车胎图形,有兴趣的读者可以参看克拉纳(David Klarner)主编的《数学加德纳》(1981年)一书中赫伯尔特·泰勒(Herbert Taylor)所写的文章《翻出的自行车内胎》。

第 11 章
最小斯坦纳树

园林中没有哪棵树有它可爱，

尽管每株树都有其独特的风采。

——威廉·考珀,《任务》

第一卷《沙发》

把点和直线连接起来,可以形成种种结构,研究这种结构的学科叫图论。在图论中,树是没有回路的线段的连通网络。回路是一条封闭路径,它可以从一个给定点沿着连通网络运行返回到自身,而不必重复走过任何线段。由此推出,一个树图上的任意两点是由一条唯一通路连接的。树图是图论中极为重要的题材,它们在数学的其他分支里有着无数应用,特别是概率论、运筹学和人工智能。

设想一个 n 点的有限集合随机地散布在平面上,它们怎样连成一个由直线段组成的网络,可使总长度为最短?解决这个问题对道路、天然气管道、电路等网络建设有很大的实用价值。如果在原有的点集中不允许增加新的点,那么连接它们的最短网络就叫作最小生成树。不难看出,这样的网络必须是树。如果其中有着回路,人们就可直接在回路中删除一个线段,将其缩短。

构建最小生成树有许多方法。其中最简单的称为贪心算法,因为在每一步,它都要啃掉最想吃的一块。这种算法于1956年发表,建立者是克鲁斯卡尔,目前在 AT&T 贝尔实验室工作。首先,在点集中找出两个靠得最近的点,把它们连起来。如果这样的点不止两个,可以任选其中的一对。然后不断重复上述过程,注意务必在连接时不能形成回路,只有这样,剩下的点才是合法的。最后结果就是具有最小长度的生成树了。

最小生成树未必就是跨接原有各点的最短网络。如果允许添加更多的点，在大多数情况下可以找出一个更短的网络。例如，设想你要连接组成一个等边三角形的3个点。这时，三角形的两边就是一个最小生成树。但若在三角形的中心添入一点，并将中心与每个角的顶点连接起来(见图11.1的右上图)，总长度就缩短了13%以上。此时，每个中心角都是120°。

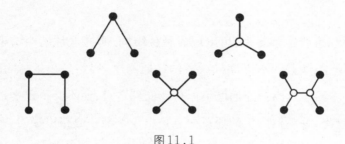

图11.1

较不明显的例子是连接正方形4个顶点的最小网络。你也许认为在中间添加一个点会给出最小网络，但实际上并非如此。这一最短网络需要添加两点(见图11.1的右下图)。围绕添加点的各个角仍然是120°。由计算可知，中间添加一点的网络长度为$2\sqrt{2}$，其近似值为2.828，但有两个添加点的网络总长度却可减少到$1+\sqrt{3}$，近似值是2.732。

研究这类网络的先驱者之一是斯坦纳，一位著名的瑞士几何学家，他于1863年去世。使网络长度局部地最小的外加点现在称为斯坦纳点(下文我自会解释"局部"的含义)。现已证明，一切斯坦纳点都是能形成3个120°角的3条线段的节点。含有斯坦纳点的树称为斯坦纳树。尽管添加斯坦纳点能减少生成树的长度，但斯坦纳树并非永远是连接原来点集的最短网络。若它果真是最短网络，那就称为最小斯坦纳树。

最小斯坦纳树几乎永远短于最小生成树，但长度的减少量可能依赖于原来生成树的长度。有人猜想,对平面上给出的任意点集而言,最小斯坦纳树的长度不可能小于最小生成树长度的$\frac{\sqrt{3}}{2}$,或者说约0.866倍。不过,这一结果仅对3点,4点,5点证明过。正如一个点集可以拥有不止一个最小生成树那样,它可以拥有一棵以上的最小斯坦纳树。当然,对给出的一个点集,所有的最小斯坦纳树必然具有同样长度。一棵斯坦纳树至多只有$n-2$个斯坦纳点,此处n是原来集合中点的个数。

许多简单的斯坦纳树可用自制简易模拟装置通过实验方法而得出。两片平行的有机玻璃由一些垂直的连杆连接。其位置则对应于给定网络中要求连接的各点。在有机玻璃片上钻洞,插入连杆,并将整个装置浸入能产生肥皂泡的溶液中。当它从肥皂液中取出时,连杆之间就会出现一个肥皂膜,由于表面积缩至最小,薄膜所形成的模式从上面来看便是一棵斯坦纳树。

利用这种装置能求出矩形4个顶角的最小斯坦纳树(见图11.2)。树图可取下列两种形状之一,其中的一个是另一个经90°旋转后所得之形状。轻

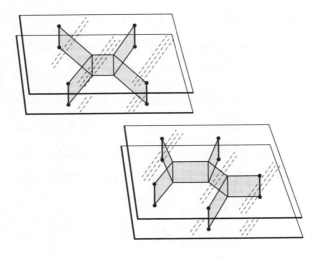

图11.2

吹薄膜,你可使它从一种形状突变为另一种形状。使用类似办法,也可以得出正五边形的5个顶点的最小斯坦纳树。不过,对于正六边形的6个顶点(以及一切边数更多的正多边形),添加斯坦纳点是无济于事的。最小斯坦纳树就是多边形的周长去掉一条边。

即使在这种简单场合,人们对这种皂膜计算器仍需慎之又慎。例如,如果给定网络中的4个点构成一个矩形,而宽度略大于高度,则皂膜只能稳定

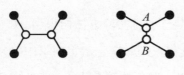

图11.3

于两种形态之一(见图11.3)。尽管两者都是斯坦纳树,但只有左边一个才是最小的。当矩形进一步变宽,图11.3右边非最小模式中的垂线AB将变得越来越短。如果矩形的高为1,而底边为$\sqrt{3}$时,它将缩成一点。对宽度较长的矩形来说,只有最小斯坦纳树才是稳定的,至于右面的树图,则称为局部最小。换句话说,如果你把那些线段想象为有弹性的带子,固定在角上的4个钉子上,那么只要把添加点略为移动一下,树的长度就会增大。

由于构建最小生成树的克鲁斯卡尔贪心算法极为简易,人们也许认为可能存在相应的、寻找最小斯坦纳树的简单算法。遗憾的是,实际上根本不是这样。这个任务很艰巨,它属于啃不动的"硬"问题之一,即计算机科学上人所共知的NP完全问题。当网络中的点数较少时,确实存在在合理的较短时间内找出斯坦纳树的算法。然而,当点数增加时,所需的计算时间将以极大的步数加速增长,甚至对于并不很大的点数也需要计算几千年甚至几百万年。绝大多数数学家相信,在构建平面上连接任意点的最小斯坦纳树这个问题上,不存在什么有效算法。

然而,不妨设想这些点分布在单位方格组成的有规则的纵横方格上,就像是跳棋棋盘上的一些散点。对于这类有规则分布的点,在寻找最小斯

坦纳树时有没有什么"好"的算法呢？

这个问题是在数年前我思考下列问题时想到的。在一副标准跳棋棋盘上，连接角上81点的最小斯坦纳树的长度等于多少？英国最了不起的趣题设计者杜德尼及其美国同仁劳埃德都很喜欢跳棋棋盘上的各种趣题。我曾经仔细地查阅过他们的书，他们都没有考虑过这个问题。我找不到以前曾经提出过该问题的任何证据，更不要说解决它们了。

当我试图求解这个问题时，对它的复杂程度感到十分惊讶。虽然我不能作出证明，但看来很明显，最小斯坦纳树是由许许多多规则的四点树的复本连接而成的。四点树没有专门名称，我们不妨称之为⟩⟨，因为在探讨矩形格子上的斯坦纳树问题时，画出一个⟩⟨自然要比画出整个树图来得容易。在求解这类问题时，困难在于不知道把这些⟩⟨安置在什么地方。使之形成斯坦纳树的方法容易找，但要使它成为最小树那就不容易了。

最后我自信，这一棋盘上的最小树难题存在唯一解，但我不能证明（见图11.4的中图）。我把它叫作9阶阵列的猜测解，这里的阶指的是正方形一边上的点数。由于每个⟩⟨的线段长度为$1+\sqrt{3}$，容易算出树的总长度等于$26\sqrt{3}+28$，即大约73.033。虽然看起来我发现了一个新的难题，但我仍然怀疑在不断增长的、有关斯坦纳树的数学文献中肯定会有一篇论文是专门描述矩形格点上寻找最小斯坦纳树的简单算法的。看来，我是受到了通晓许多与平面上一些点连接形成路径有关的问题的鼓舞，当这些点为任意点时，问题很难，而当它们形成有规律的格子时，问题变得非常浅显易解。

巡回商贩问题（又称货郎担问题）是一个著名例子。一名商贩打算走遍n个市镇，每个市镇都须走到而且只到一次，最后回到出发地点，试问应该取什么样的最短路径？当各点为任意选取时，任务的确是NP完全问题，没有什么有效算法可以解决，这是人所共知的事实。但如果各点位于正方形

90.318⋯

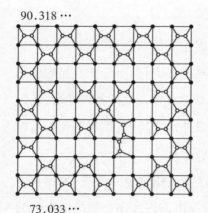

73.033⋯

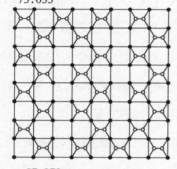

57.373⋯

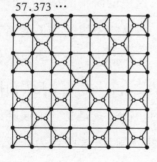

图11.4

的角上,并且能够放到矩形格子中,那么问题就变得异常简易。如果一个 $m \times n$ 的矩形阵列所含的点数为偶数,则最小路径的长度为 $m \times n$。如果阵列拥有奇数个点,则路径之长为 $m \times n + \sqrt{2} - 1$(见图11.5与图11.6)。我满怀信心地预期,对此类阵列而言,通过最小斯坦纳树而确定的生成树算法应当同样轻而易举,我的看法恐怕错不到哪里去。

我的第一步措施是把棋盘上的问题提交给我的朋友格雷厄姆,他是贝尔实验室的一位杰出数学家。我还请他指点我有哪些论文可能解答这个问题。令我惊讶的是,与此有关的论文仅有一篇,是格雷厄姆本人在 1978 年与金芳蓉(Fan R. K. Chung)合作撰写的,后者也是贝尔实验室的工作人员。论文题目叫作《梯形斯坦纳树》。该文论述了在 $2 \times n$ 矩形阵列以及其他各种 $2 \times n$ "梯子"中分布的各点上,如何构建最小斯坦纳树的问题。除了这些特例之外,对在每边点数大于 2 的矩形阵列上如何建立最小斯坦纳树的问题一无所知。

格雷厄姆与金女士对这个问题考虑越多,兴趣也越大。断断续续一年多,他们一直在寻找普遍适用的算法,但未获成功。金女士近来一直在讲授这个课题,她与格雷厄姆打算要写篇论文来报告他们所取得的进展。

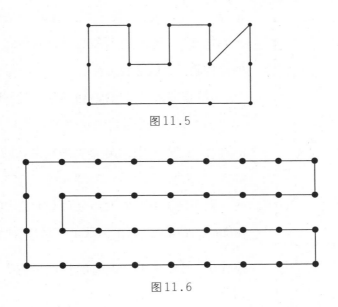

图11.5

图11.6

他们的最优结果同我的答案见图11.4与图11.7。有些树图的最小解不止一个。令人感到惊讶的是,仅仅只有2阶正方形格子的解答已被证明出最小解(在波兰数学家斯坦因豪斯的著作《初等数学100名题》中的问题73中有一个证明)。即便是看来极简单的3阶阵列的解答也未曾给出过证明,虽然它在计算机的蛮干①下还是乖乖地低下了头。格雷厄姆与金女士坚决相信他们所求出的树图答案都是最小解,但在没有证明的情况下或许仍有改进的余地。

何以皂膜实验能解决3阶与4阶正方格子上的问题,这是一个饶有兴趣的问题。如果情况属实,那么皂膜实验在寻找最小树的方向上还能走多远?由81个连杆搭成棋盘状的有机玻璃片从肥皂溶液中取出时将发生什么

---

① 指穷举法。——译者注

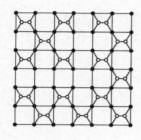

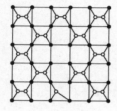

图11.7

情况?皂膜生成的斯坦纳树会不会跨接所有的81根连杆?如果真的实现了,它是最小树的概率是多少?对于诸如此类的问题,也许日后会有某些大胆的读者敢于去做这些实验吧。

6阶正方格子是出现意外解答的最低阶数。我在树的森林(不连通树的集合就是图论学者所谓的森林)里埋头工作,好不容易找出我的6阶阵列解答,其长度为$11\sqrt{3}+13$,即大约32.053。然而,当我一看到格雷厄姆先生与金女士所发现的更短的树图时,我几乎从椅子上跌了下来!在他们发现的模式中,那棵小小三点树的长度只有$\frac{1+\sqrt{3}}{\sqrt{2}}$,因而他们的网络总长度只有$\left(\frac{1+\sqrt{3}}{\sqrt{2}}\right)+\left(11\times\left(1+\sqrt{3}\right)\right)$,即约31.984。它极其美妙地表达了惊奇的性质——本章开头时所引的考珀诗句中所谓的"独特的风采"——它正一动不动地躺在那里等待那些企图攀登方形阵列的梯子、希望寻找最小解的人们。

倘若你看得仔细一些,你会注意到只有阶数为2的乘幂(2,4,8,16,…)时,最小树才是完全由⋈组成的。格雷厄姆与金女士已经证明了一个甚至更一般的结果:当且仅当阵列为正方形,而且阶数为2的乘幂时,矩形阵列可以被全部由⋈组成的斯坦纳树所跨接。他们的美妙证明立足于数学归纳法,迄今尚未公开发

172

表。这个唯一的生成树模式显然可以推广到所有阶数是2的高次幂正方形阵列的情况。

　　本文已经写得不短，剩下的篇幅已经不允许我再来提供非正方形的矩形阵列中那些已经掌握得最好的模式。对于这些阵列，格雷厄姆与金女士已有许多神奇的结果与猜测，我现在只好略而不谈。作为本文的结束，我将在下面给出他们所发现的22阶正方形阵列的最佳斯坦纳树（见图11.8）。图中有一个模式是由两个正方形上的6个点所界定的，与大家所熟悉的 形很不一样。这种六点模式也同样出现在10阶斯坦纳树中，它的长度是 $\sqrt{11+6\sqrt{3}}$ ，即约4.625。整个树长的近似值约为440.021。

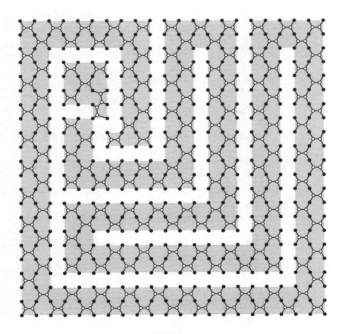

图11.8

173

补　遗

　　自本章在1968年写成以来,有关MST(最小斯坦纳树)问题取得了两项重大突破。先是在1968年,两位贝尔实验室的数学家波洛克(H. O. Pollok)与吉尔伯特(E. N. Gilbert)猜想:同一点集上的MST之长与最小生成树长度之比至少应为$\frac{\sqrt{3}}{2} = 0.866\cdots$,即长度可以节约13.4%。这就是连接一个等边三角形角上诸点的两类树图的长度之比(见吉尔伯特与波洛克在1968年所写的论文)。1985年,格雷厄姆与其妻金芳蓉把比例的下限提高到0.8241。格雷厄姆扬言,证明很可怕,以致他敦请那些对此问题感兴趣者还是不要去看他们的论文为好。

　　该问题对贝尔实验室十分重要,因为找出较短网络肯定可以节省成本。为此,格雷厄姆愿意捐出500美元来奖励能证明$\frac{\sqrt{3}}{2}$猜想的人。两位中国数学家终于在1990年获得了奖金,他们是堵丁柱,当时是普林斯顿大学的一名进修生,另一人是贝尔实验室的黄光明(Frank Hwang),请参看他们1992年的论文。

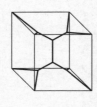

图11.9

　　单纯形是任意维空间中边数最少的规则多面体,例如三维空间中的四面体就是单纯形。直到五维为止的低度空间中所有单纯形的MST都已求出(见金芳蓉与吉尔伯特1976年的论文)。但高维空间中的问题远未解决。单位立方体角上诸点的MST,见图11.9,它的长度为6.196…。

　　黄、堵两位学者在他们1991年的论文中,研究了等轴(正三角形)格点上的MST问题。

　　另一项重大突破由5位澳大利亚数学家作出,是在单位方格所组成的矩形或正方形阵列上求MST的完全解(请参阅巴西(M. Brazil)与他的4位协作者在1995年所写的研究报告)。在巴西与他的5位协作者于1996年所撰写的一篇论文中,他们肯定了格雷厄姆与金女士关于$2^k \times 2^k$正方形格点上各顶点所成之点集上MST的形式所作的未公开发表的证明。

有关方格的最小斯坦纳树——只有水平或垂直线段的树——的文献大有日益增多之势。它们在电路设计上有着重要应用,请参看理查德(Dana Richard)的《方格斯坦纳树的快速探索式算法》,(《算法杂志》第四卷,191—207页;1989年)。

我有幸参加了格雷厄姆的一次报告会。会上他就斯坦纳树作了讲演,其中提到了以下的观点:

除了把他的姓氏挂上去之外,斯坦纳其实对斯坦纳树的理论毫无贡献。以前曾有人把这些点称为费马点,但早在费马之前,已经知道了它们的存在。

寻找n点斯坦纳树是NP完全问题,对此的第一个证明,是格雷厄姆与他的两位贝尔实验室同事加里与约翰逊在1977年的一篇论文中作出的。计算最小生成树的确切长度同样也是一个NP完全问题。直观上看来,似乎贪心算法能轻而易举地办到。但因为各点未必都落在平面上的整数坐标处,所以这并非易事。当这些点的数目增大时,计算生成树的确切长度将迅速地变得越来越难。

答　案

读者们接受的挑战,是要找出一棵能跨接4×9阵列上各点,而其长度短于32.095单位的斯坦纳树。尚无人能改进格雷厄姆与金芳蓉得出的结果(见图11.10)。它的长度为:

$$7(1 + \sqrt{3}) + (((((3(2 + \sqrt{3})) - 2)^2 + 1)^{\frac{1}{2}})/2)$$

$$+ (((((5(2 + \sqrt{3})) - 2)^2 + 1)^{\frac{1}{2}})/2)$$

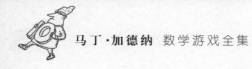
马丁·加德纳 数学游戏全集

即大约32.094656…。

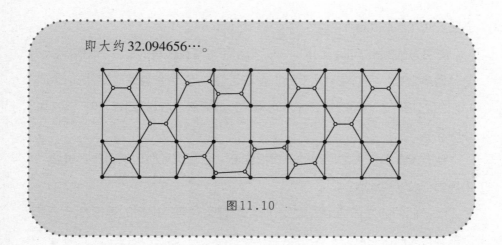

图11.10

第 *12* 章
三值图，蛇鲨与薄俱魔①

---

① Boojum 的音译，19 世纪英国著名儿童文学作家卡罗尔在《猎蛇鲨记》中的一种虚构怪物。——译者注

本章内容在《科学美国人》1976年4月号上作为一篇专栏文章发表时，著名的四色地图定理仍是一个悬而未决的问题。为数不少的著名数学家都认为该定理不能成立，那是有记录在案的。

最简单的而有瑕疵的证明是由于人们的误解，把四色定理同一个易证得多的定理混淆了起来。在平面上无法画出4个以上区域，使任意两个区域之间都有一段公共边界。这使人们有了一个错误的导向，企图由此找到四色定理的证明。伟大的英国趣题专家杜德尼在其著作《现代趣题》（1926年）中，真的发表了这种贻笑大方的"证明"。它究竟错在哪里呢？由于人们意识到，拥有众多区域的大幅地图（例如有数千个区域），即便找不到任何一处5区互享共同边界的地方，仍然可能出现四色不够的情况。任何一种使用四色的尝试迟早会出现一种尴尬局面，同样颜色的两个区域碰到了一起。于是人们只好推倒重来，改变着色方法。然而，麻烦并没有真正消除，尴尬局面仍会重新光临，只不过换了一个地方。为了证明四色定理，人们必须安排一个符合要求的着色过程，保证对整幅地图，四色是足够的。

鉴于四色地图定理最终已在1976年获得了证明，我在以往历次编选集时，有意略去了这篇专栏文章，否则它早就应该收进去了。我们现在知道，被我称为"薄俱魔"的怪物——不含彼得森图的蛇鲨——不可能存在。尽管如此,人们对蛇鲨的兴趣仍在持续,相关的论文大量出现在各种杂志上。由于以上原因,我决定在这里重印这篇专栏文章,但删去了如今不再有任何意义的若干段落。蛇鲨理论相当复杂,在我的简略介绍中是很难充分覆盖的。有兴趣的读者必须阅读本章结尾列出的参考文献。

有几十种猜想看上去同地图毫无关系,但实际上却是与四色地图定理等价的,倘若你能解决它们中间的任何一个,就等于解决了四色问题。是否永远可能切割凸多面体的一个个角,直至每一个面都成为边数为3的倍数的多边形?如果你能做到,那就证明四色猜想是成立的。譬如说,截去立方体的4个角,其中任意两只角都不能是对角,这样你就可以得出一个具有4个三角形表面与6个六边形表面的立体。另一方面,如果你能找到一个凸多面体,将它的一些角截去,并不能达到应有的形状改变,那就意味着你已找到了一个立体,它的边生成的地图否证了四色定理。

但是,为了找出足以成为反例的图形,还有更加简单的方法,那就是要设法找到一幅具有下列性质的图(由一些称为顶点的点与一些连接这些点的称为边的直线组成的集合):

1. 它是连通的(全部连成一片)。

2. 它是平面的(图可以画在平面上,所有的边都不交叉)。

3. 它没有桥(或地峡)。所谓"桥",是指这样的一条边,如果把它拿掉,图形就会分离成不相连的两片。

4. 它是三值的(每个顶点都有3条边会聚)。

5. 它不是三色可涂的(这些边不能一边一色地用3种颜色来着色,从而使所有3种颜色都在每一个顶点相遇)。

为了把这些东西解释得更充分些,让我们回顾一下泰特在1880年所发表的一篇论文。泰特是爱丁堡大学的一位数学物理学家,他与其他学者证明,任何地图都可以很容易地变换成一幅同样涂色属性的三值地图。倘若某个顶点连接的边多于3条,我们可以画一个小圆把它围起来,然后,把小圆内部的东西统统擦掉,还要擦去一段圆弧(见图12.1)。这样一来,原先有 n 条边会聚的顶点就被一个扩充变大了的区域所取代,而这一区域则被(n-2)个三值顶点所围绕。显然,这些区域的任意一种涂色法也完全可以适用于原来的地图。我们不必担心只有两条边的顶点,因为它不过是边界上的一点,从而可以把它拿走。总而言之,任何地图都可以变换为三叉线的网络,形成一幅三值图。从而可知,如果三值图是四色可涂的,那么原来的地图也将如此。除此之外,泰特甚至还能证明,如果一幅平面三值图的那些区域四色可涂,则其图形的边必为三色可涂,反之亦然。

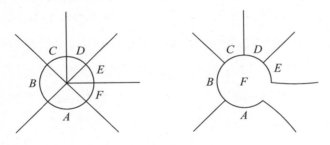

图12.1

两种涂色法的等价性由下列过程显然可判。设三值图的各个区域都已涂成 A、B、C、D 4种颜色。现在让我们在每条边上标记一个字母,使之等于该边两侧区域的颜色之"和",规定求和时必须遵守下列的"加法表":

$$A + B = B$$

$$A + C = C$$

$$A + D = D$$

$$B + C = D$$

$$B + D = C$$

$$C + D = B$$

结果就是边的三色涂法。再来说一说怎样从边的涂色过渡到区域的涂色。假定三值图的各条边都已用B、C、D 3种颜色涂好。把任一区域标记为A，再从A任取一条途径，从一面通到另一面。当你穿越一条边时，把新到的区域标上该边的颜色与上一次访问过的区域颜色之"和"。同上面一样，再次利用加法表（当两个字母不同时），或把新区域标记为A（当两个字母相同时），这样处理得到的结果便是区域的四色涂法。

泰特相信，一切三值图都是三色可涂的（从而一切地图都是四色可涂的），但有两类三值图例外。其一是有"桥"的三值图。此类三值图的简单例子见图12.2所示。第一个图有两个环圈，使它显然不可涂。另外两个图也同样彰明较著，全部都是三色不可涂的。当然这种图形都不能算是什么合乎情理的地图。因为"桥"把外部区域（如果地图画在球上，它也将是一个连通区域）同自身分开了（如果平面上的地图是四色可涂的，则"外部"也必须视为一个区域）。"桥"简直成了一个可笑的边界：如果你越过了它，你将发现自己仍在同一区域。

桥

图12.2

另一类不可涂色的三值图都是非平面图形（画在平面上至少会有一条边被横切）。最简单的例子名叫彼得森图，见图12.3。左图是人们在教科书中常见的，右图则是艾萨克斯（Rufus Isaacs）所提出的，此人是美国约翰霍普金斯大学的一位应用数学家，以博弈论研究闻名于世。不难看出，比起左图来，右图用的笔画较少，而且除了一个顶点之外，其他所有顶点都位于外

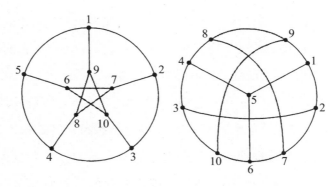

图12.3

侧,便于同其他图形"挂钩",对于此种情形,下文自有解释。只要沿着图形的边,按序描迹追踪,容易验证左、右两图是完全拓扑同构的。通常给中间的五角星涂上颜色[1],使同构特征看得更加明显。

从中我们能得出什么结论呢?如果存在着某个不可涂色的三值图,即相当于找到一幅足以否定四色定理的地图,该图必须是三值的,平面的,没有"桥"的。这样的图没有找到过,读者们也不要听信人家的误导去寻找这样的图。另一方面,正如艾萨克斯最近所发现的,寻找不能"泰特涂色"(三色涂色)的非平面图倒真的是一种令人愉快的消遣。在艾萨克斯的著作《微分博弈》(罗伯特·克利格公司,1975年)中已经提供了不少材料,足够我的《科学美国人》专栏刊登好几期。有关他寻找不可涂色三值图的结果见他的精彩论文《不能泰特涂色的非平凡三值图的无穷家族》,(《美国数学月刊》第82卷第3期,221—239页;1975年3月)。

艾萨克斯所谓的"非平凡",意思是指本来就没有"桥"的图。在任何图形上添加一座"桥",使之变成不可涂色,这种事情实在是太容易了,不值一提。为此我们对一切有"桥"的图弃之不顾,集中精力去考虑没有"桥"的三

---

① 此处改用波纹线代替了颜色。——译者注

值图就行。艾萨克斯同样认为,有"二边形"(连接两点的重复边)、"三角形"(或"四边形")的图也是无足轻重的,因为在任何一个不可涂色的图中添加或除去这些东西,不会改变它的不可涂色的性质。

老是讲"非平凡的、不可涂色的、三值的",实在有点不胜其烦。为了避免这种麻烦,有必要为它创造新的单词。我起初想到采用缩略字"NUT",因为这种图形很有点像深埋于地下的坚果,非常难找。正如艾萨克斯说过的,"任何一个搜寻它们的人都将由于寻找的极度困难而如痴如狂,永世不忘。"不过,NUT这个词意味着搜寻工作有些疯狂[①],然而实际上它是一项严肃的数学任务。对一切非平凡、不可涂色的三值图进行定义与分类的问题值得人们投入大量精力,同证明四色地图定理不相上下。一旦解决了它,并证明所有这类图形都是平面图,那么四色地图问题也就解决了。

我倾向于把非平凡不可涂色的三值图称为"蛇鲨"(Snark)。三值图是个有岔路的网络,试图证明它不可涂色的人就好像卡罗尔(Lewis Carroll)的不朽歌谣里"手持钢叉、心怀希望"追捕蛇鲨的人。我们知道,蛇鲨是非常难找的,还有一个极其罕见、特别危险的变种,名叫"薄俱魔"。按照我们所使用的术语,薄俱魔正是平面蛇鲨,也就是可以否定四色猜想的三值图,一个十足的反例。有朝一日,如果有人发现了一个薄俱魔,其人其图就会在瞬间升天,传送到高维空间去。兴许这就是四色定理仍然悬而未决的原因吧。作为最高审判者派来的天际来客,流星难道不是一位业余数学家?

1898年首次披露的彼得森图,不仅是所有可能存在的蛇鲨中最小的一个,而且正如图论权威学者塔特(W. T. Tutte)所证明的,并非庞然大物,而是小得只有10点,躲在阴暗角落里,自然难寻极了。这很难相信,但事实却是不容怀疑。过了半个多世纪,第二个蛇鲨(有18点)被布拉努沙(Danilo

---

① NUT有疯子、狂热者之意。——译者注

Blanuša)发现,在1946年公之于众。两年以后,笛卡儿(Blanche Descartes)(塔特的化名)宣布,他找到了一个210点的蛇鲨。直到1973年,第四个蛇鲨(50点)才被塞凯赖什(G. Szekeres)找到。

艾萨克斯的猎鲨长征所取得的主要成就是发现了蛇鲨的两个无限集合。第一个集合中包含了布拉努沙、笛卡儿与塞凯赖什的图。为了纪念这3位数学家,艾萨克斯把它们命名为BDS图。他自己的研究也是建立在此基础上的。这些图形由原先已知为不能涂色的图勾连而成,它们也可与其他任意图形勾连。布拉努沙没有意识到这一点。然而他的图可以看作由两个彼得森图按图12.4所示的方式连接而成的。

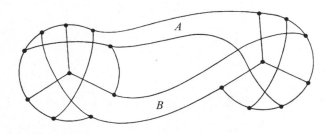

图12.4

从左边的彼得森图中拿掉任意两条不相邻的边,然后除去另一个彼得森图上3条相邻的边以及两个消失的顶点。接着,再把这两个残缺的彼得森图按图示方式连接起来。在A处的一对边可以穿越,也可以不穿越。B处亦然。另外在A处或B处(或A,B两处)都可以连接一个任意图形,而不会破坏它的涂色性质。任意两个不可涂色的图都可以按照此种方式连接,或者连接、或者不连接任意外加的图形,从而产生一族为数无穷的蛇鲨。塞凯赖什的图则可视为5个彼得森图连接而成。至于笛卡儿图,则是由彼得森图与内插的九边形组合而成。有兴趣的读者欲知其详,可参看艾萨克斯的论文。

艾萨克斯发现的第二个蛇鲨的无限集合见图12.5。其中的第一个成员

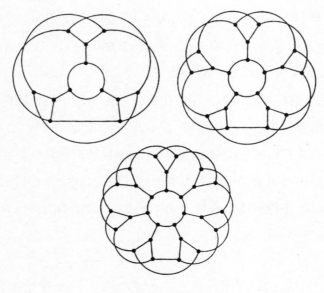

图12.5

是彼得森图的变相,不过是把位于中央的一个顶点换成了由3点所组成的"平凡三角形"。随着花蕊周边花瓣数的有规律递增(每次递增数是等差级数3,5,7,9,…的各项),人们将会得到一个花朵状蛇鲨的无限集合,而总点数也将成为另一个等差级数12,20,28,36,…。艾萨克斯曾经提供过一个简单的视觉证明,说明一切花朵形状的蛇鲨都是不可涂色的。

顺便说一下,一切三值图的点数都必须是偶数。若此数等于$2n$,则边数为$3n$,如果该图为三色可涂,那么每一种颜色都被涂上了n条边。

艾萨克斯还发现了一个30点的异类蛇鲨,它既不属于BDS集合,也不是花朵集合的成员。他称之为"双星"(见图12.6)。当然双星蛇鲨像任何花朵蛇鲨一样,可以连接到BDS图上去。花朵图互相之间也可以连接到一起。各种组合的可能性简直是无穷无尽的。另外,可以把复杂的BDS图画得眼花缭乱,使得人们无从下手,难以把它们的组成部分一一分离出来。

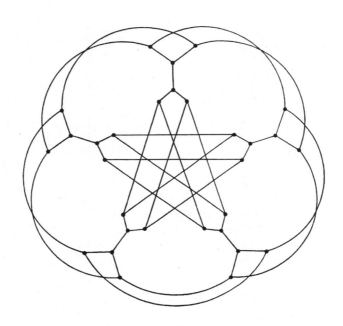

图12.6

　　为使读者充分享受狩猎蛇鲨的乐趣,图12.7提供了4个简单的三值图,它们全都是三色可涂的。请读者们不妨一试,看看自己要用多少时间才能把所有4个图形的每一个都涂上3种颜色。顺便说一下,图12.7底下的一个图形是照规范形式来画的,也就是说,所有的点都位于一直线上。经过多次涂三色实践之后,读者们兴许愿意试一下更困难的任务,即证明彼得森图或其他任何一个蛇鲨是不可涂色的。为此你必须一一试验所有的涂三色的可能性,而这将是一桩极其花费时间的工作,如果你使用了一种效率不高的方法,那就更是如此。

　　在艾萨克斯的论文中没有刊载的下列回溯算法是他所发现的最有用的算法,既可用来给三值图涂上3种颜色,也可证明它们的不可涂色性。下面我将用铅笔、纸张来对这种算法加以解释(见图12.8),如果把图形画得

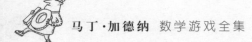

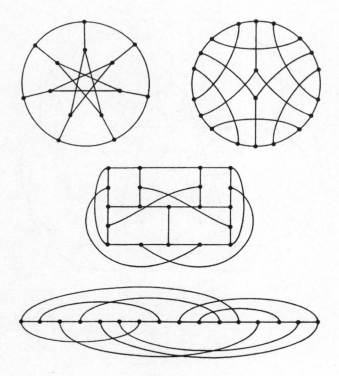

图12.7

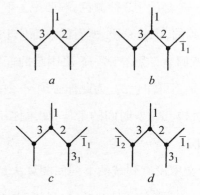

图12.8

188

很大,再添加一些小的编号筹码作为辅助手段,则效率可以更高。

1. 用墨水画一幅较大的图。设1,2,3代表3种不同颜色,所有的标记工作都应该使用一支软铅笔,因为有可能需要用橡皮多次擦除。

2. 任取一个顶点,把它的三岔路径标上1,2,3。用什么样的顺序来写这些数目是无关紧要的,因为它们仅仅是代表不同的颜色,它们的任意一种排列都不影响其普遍性。

3. 转移到任一相邻顶点。它的两条尚未标记的边显然可用两种方式标记。就本例而言,上面的一边应该标为1或3。让我们把它标上1。在1的上面加一条短杠,表示这是一次自由选择,然后再在右下角注上下标1,表明这是你的第一次自由选择,我们将它称为步数。

4. 由第一次选择而决定了一些边的标号,让我们将所有的这些边加上标号。就本例而言,只有一条边,于是将它标上数字3,再加上同样的步数(即下标1),3的上面不需要加短杠,因为只能如此标记,别无选择余地。

5. 转向另一个相邻顶点,该处将有一个自由选择的机会。同上一步一样,第一次决定其标号时,应在数字上加一短杠,但此时的下标应该是2,以表明它是你的第二次自由选择。

6. 照此方式继续进行下去,直到整个图形标记完毕,或者你碰到了矛盾——一个非选不可的标记使得同一颜色的两条边在某一顶点相遇。如果在第 n 步出现了这种情况,那就必须把所有的、下标为 n 的标号统统用橡皮擦掉。比较明智的办法是把加短杠的标号放到最后去擦。

7. 在第 n 步改用另一种选择打上标号。不过,这时在数字上面不需要再加上短杠了。这是为什么呢?因为此时的标记已经不是一个自由选择。这次是由于前一次在第 n 步时的选择会导致矛盾,迫使我们不得不改弦易辙。而下标也应改为 $n-1$,这意味着你被迫向后倒退了一步。换言之,新的一步现

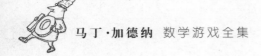
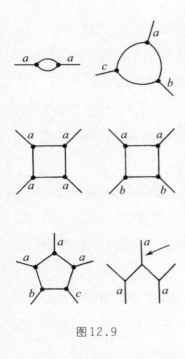

图12.9

在成了上一步的一部分,所以它应该采用原先的步数。

8. 不断重复上述过程。如果图是可以涂色的,那么最终你会完成涂色任务;如果图是不可能涂色的,那么你将不断碰到矛盾,迫使你向后倒退。下标数将变得越来越小。如果在所有的边都已打上没有短杠的标号以后仍然出现矛盾,那就表明该图是不能涂色的。于是你找到了一条蛇鲨。

艾萨克斯在一封信中写道:"如果我们对每一步的后果看得远一些,那么任务可以完成得更轻松一点。"对一个狩猎蛇鲨的行家里手来说,很快就会找到许多窍门。图12.9就为我们提供了一些有用的涂色诀窍。譬如说,路径上的二边形(二条边的环路)是可以忽略的,因为这两条边显然要使用同一种颜色。类似地,三角形可以当作一个顶点来处理,因为导向它的3条边(想必你也能容易证明)必然需要涂上3种颜色。遇到正方形时,请记住它的化简办法:要么是导入它的4条边都涂上同样颜色,要么是两条相邻的边涂一色,另外两条边又是一色。五边形也能简化,请记住,3条相邻边必须涂上同一色,剩下的两条边则涂上另外两种颜色。

艾萨克斯向狩猎蛇鲨者提出了一个有益的建议,即对图12.9的最后一个图形来说,如果两条边已经用了同一种颜色,那么图上箭头所指的那条边也应该采用同样的颜色。在寻找这类无选择余地的标号时,采用这种办法,可以省去许多不必要的回溯步骤。

艾萨克斯告诉我们,任何一个已知的蛇鲨都至少包含一个彼得森图。这意味着,如果去掉某些边,并在剩下的边中拿掉一些点,留给你的将是一个与彼得森图拓扑同构的结构。但这并不意味着彼得森图是一个子图,因为子图必须同原图的一部分严格对应:点对点,边对边。尽管子图包含在原来的图中,然而并不是所有含在其中的图都是子图。实际上,彼得森图不可能是三值图的子图,如果你在彼得森图的任一顶点上添一条边,这个顶点立即就从3阶升到了4阶。

图12.10表明,从花朵状蛇鲨中去掉5条边(见图上的虚线)、10个点之后,剩下的就是一个彼得森图。此图已被标上数字并涂上颜色[1],请大家把它与图12.3进行对照。在蛇鲨的内部居然存在着此图,这就证明蛇鲨不是平面图,因为没有一个平面图可以把非平面图包含其中。图论中有一个著名定理说,所有的非平面图(不一定是三值图),要么包含5个点的完全图,要么包含6个点的"水、电、煤气管道"图。按照与此类似的思路,塔特猜想,所有的蛇鲨全都含有彼得森图。如果他的猜想能够成立,那么四色定理也将成立,而薄俱魔就不存在了。

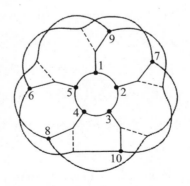

图12.10

① 此处用波浪线等代替颜色。——译者注

如果用儿童文学作家卡洛尔的说法,彼得森图是蛇鲨特别喜欢的"洗浴机",卡洛尔说,每条蛇鲨……

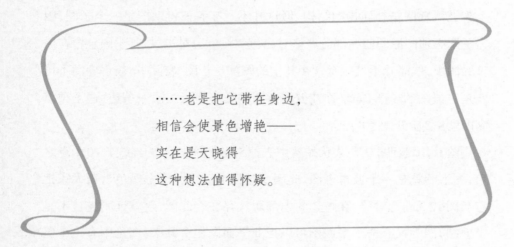

……老是把它带在身边,

相信会使景色增艳——

实在是天晓得

这种想法值得怀疑。

在蛇鲨体内寻找洗浴机实在并不容易。你不妨在另外两条花朵状蛇鲨及双星里头去找个试试。也许你会心血来潮,迫不及待地去从事一个你自己的猎鲨远征,不厌其烦地画出一批三值图并进行测试。通过不断实践,你的涂色本领将会迅速提高,然而你也将留下深刻印象:找到一个真正的蛇鲨实在是太困难了。倘若你捕获几条大于10点(彼得森图)小于18点(布拉努沙图)的蛇鲨,我倒很愿意看看它们的图形。目前已知的蛇鲨,其点数都不在10与18之间,不过,第一个花朵状蛇鲨(12点)并不算数,因为位于其中央的三角形使它不过是一个乔装改扮的彼得森图,而且改动是微不足道,一眼即能识破。

再坚持一分钟!我刚刚画完一个奇妙的三值图,它有50个花朵,没有交叉,莫非它是一个薄俱魔……

补　遗

当我要求读者寻找12、14或16点的蛇鲨时,忘了向读者交代,它们必须是非平凡的蛇鲨。如果蛇鲨中含有两边形(复边)、三角形或四边形所组成的闭环或回路,或者用"桥梁"连接任意子图时,这种蛇鲨都被认为是平凡的,也就是不算数的。显然,重复的边很容易转换成单独的边,三角形(三边组成的闭路)可以缩成一点,从而使之成为一个点数较少的蛇鲨,而四边形(四条边所组成的闭路)则可用两边取代。

有一种很简单的办法是先切断图中的一条边,然后用"架桥"的办法加进一个子图(见图12.11左图)。另一种办法则是用"造桥加子图"的手段来取代图上的三叉点(见图12.11右图)。显然,在上述两种变换下,蛇鲨依然是蛇鲨,其本性不变。艾萨克斯的原始论文中严禁这种变换,认为它们肤浅之极,不值一提。有很多读者给我送来了点数为12、14与16的蛇鲨,可惜它们都是平凡解。在我的专栏文章发表之后,已经证明了非平凡的12、14与16点蛇鲨不可能存在。现在已找到的蛇鲨有18、20、22、26、28、30点以及更多的点。

内德拉(Roman Nedela)与斯考维拉(Martin Skoviera)在他们1996年合写的论文中已经证明,24点的非平凡蛇鲨(他们称这类蛇鲨为"不可约的")是不存在的。从而提出了一个开放性的难题:当n是大于10的偶数时,是否存在着

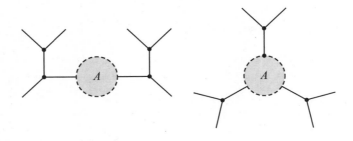

图12.11

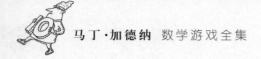

阶数为n的不可约蛇鲨?

彼得森图有许多种画法。梅切尔斯基(Jan Mycielski)偏爱的一种画法见图12.12左图。右图则是艾萨克斯在环面上所画的彼得森图,它需用5种颜色来涂。

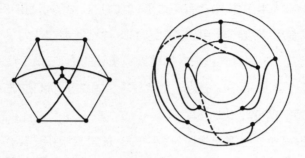

图12.12

彼得森图必须要用四色来涂,对此切特温德(Amanda Chetwynd)与威尔逊(Robin Wilson)曾有过一个极简单而精致的证明,现在我将它披露于下:

把彼得森图的外面5条边用3种颜色a、b、c来涂,见图12.13所示。这样一来另外5条边的颜色也随之而定。现在,两条虚线的边显然与彼得森图可以用三色的假设发生了矛盾。由于其中的一条边要涂上颜色a,从而迫使另一条虚线边不得不使用第4种颜色去涂。

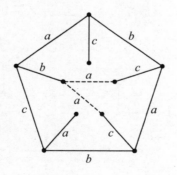

图12.13

在艾萨克斯的 1975 年论文之前,仅有 4 个非平凡蛇鲨是已知的。其后,已陆续发现了好几个无限的蛇鲨家族(图 12.14 揭示了一个 22 点的非平凡蛇鲨)。目前,主要的悬而未决问题是怎样通过一种系统的方法将所有类型的蛇鲨进行分类。譬如说,是否存在着一种方法来定义"素数蛇鲨",以便任一蛇鲨都可由素数蛇鲨构造出来?

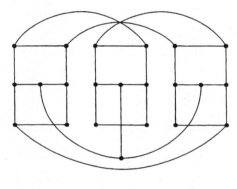

图12.14

下面的两个猜想至今尚未解决:

1. 是不是每一条蛇鲨都包含一个彼得森图?正如我们所知,如能证明此事,它将为我们提供一个四色地图定理的简洁证明。

2. 是不是每一条蛇鲨都包含一个由 5 点或 6 点所组成的闭路?这就是所谓"腰带猜想"。所谓图的腰带是指该图所含的最小闭路(如果有闭路的话)。由于蛇鲨不可能含有由 2 点,3 点或 4 点所组成的闭路,所以它的闭路至少要由 5 点组成。换言之,没有一条蛇鲨会含有 7 点或更多点所组成的腰带。

进阶读物

第1章

SEARCHING FOR THE 27TH MERSENNE PRIME. David Slowinski in *Journal of Recreational Mathematics*, Vol. 11, No.4, pages 458—461; 1978—1979.

A SEARCH FOR LARGE TWIN PRIME PAIRS. R.E. Crandell and M. A. Penk in *Mathematics of Computation*. Vol. 33, No.145, pages 383—388; January 1979.

THE STRONG LAW OF SMALL NUMBERS. Richard Guy in the *American Mathematical Monthly*, Vol. 95, pages 697—712; October 1988.

THE SECOND STRONG LAW OF SMALL NUMBERS. Richard Guy in *Mathematics Magazine*, Vol. 63, pages 3—20; February 1990.

THE EVIDENCE FOR FORTUNE'S CONJECTURE. Solomon W. Golomb in *Mathematics Magazine*, Vol. 54, pages 209—210; September 1991.

PRIME NUMBERS. Second edition. Richard Guy in *Unsolved Problems in Number Theory*. Springer-Verlag, 1994.

第2章

Some Studies in Machine Learning Using the Game of Checkers. A. L. Samuel in *IBM Journal of Research and Development*, Vol. 3, pages 210—229; July 1959.

Some Studies in Machine Learning Using the Game of Checkers, II: Recent Progress. A. L. Samuel in *IBM Journal of Research and Development*, Vol. 11, pages 601—617; November 1967.

The Complexity of Checkers on an N×N Board—Preliminary Report. A. S. Fraenkel, M. R. Garey, D. S. Johnson and Y. Yesha in 19*th Annual Symposium on the Foundations of Computer Science*. Institute of Electrical and Electronics Engineers, 1978.

A Program that Plays Checkers Can Often Stay One Jump Ahead. A.K. Dewdney, in *Scientific American*, pages 14—27; July 1984. The article is reprinted in Dewdney's *The Armchair Universe*. W. H. Freeman, 1988.

A Charles Fort Invention: Super-Checkers. Charles Fort in *The INFO Journal*, pages 24ff; June 1990.

The Checker Challenger. Ivars Peterson in *Science News*, Vol. 140, pages 40—41; July 1991.

第3章

Chinook, the World Man-Machine Checkers Champion. Jonathan Schaeffer,

197

Robert Lake, Paul Lu, and Martin Bryant, in *AI Magazine*, pages 21—29; Spring 1996.

第4章

NUMBER THEORY AND ITS HISTORY. Oystein Ore. McGraw-Hill Book Company, 1948.

TEN DIVISIONS LEAD TO EASTER. T. H. O'Beirne in *Puzzles and Paradoxes*. Oxford University Press, 1965.

A NEW LOOK AT FUNCTIONS IN MODULAR ARITHMETIC. Marion H. Bird in *The Mathematical Gazette*. Vol. 64, No. 428, pages 78—86; June 1980.

AN APPROACH TO PROBLEM-SOLVING USING EQUIVALENCE CLASSES MODULO *n*. James E. Schultz and William Burger in *The College Mathematics Journal*. Vol. 15, pages 401—405; November 1984.

CONCRETE MATHEMATICS, Second Edition. Ronald Graham, Donald Knuth, and Oren Patashnik, Chapter 4. Addison-Wesley, 1994.

第6章

SYMMETRY. Hermann Weyl. Princeton University Press, 1952.

ROTATIONS AND REFLECTIONS. Martin Gardner in *The Unexpected Hanging and Other Mathematical Diversions*. Simon and Schuster, 1969.

SYMMETRY IN SCIENCE AND ART. A. V. Schubnikov and V. A. Koptsik. Plenum Press, 1974.

INVERSIONS. Scott Kim. Byte, 1981, Key Curriculum Press, 1996.

AMBIGRAMMI. Douglas Hofstadter. Foreword by Scott Kim. Florence, Italy: Hopefulmonster, 1987.本书的英文版已由 Hofstadter 出版，出版日期不详。

WORDPLAY: AMBIGRAMS AND REFLECTIONS ON THE ART OF AMBIGRAMS. John Langdon. Foreword by Martin Gardner. Harcourt Brace Jovanovich, 1992.

FEARFUL SYMMETRY. Ian Stewart and Martin Golubitsky. Blackwell, 1992.

SYMMETRY: A UNIFYING CONCEPT. István and Magdolna Hargittai. Shelter Publications, 1994.

第7章

A BOOK OF CURVES. E. H. Lockwood. Cambridge University Press, 1961.

THE PARABOLA. Harold R. Jacobs in *Mathematics, a Human Endeavor: A Textbook for Those Who Think They Don't Like the Subject*. W. H. Freeman and Company, 1970.

DETERMINING THE AREA OF A PARABOLA. Jerry A. McIntosh in *Mathematics Teacher*, pages 88—91; January 1973.

SOME METHODS FOR CONSTRUCTING THE PARABOLA. Joseph E. Ciotti in *Mathematics Teacher*, Vol. 67, pages 428—430; May 1974.

GALILEO'S DISCOVERY OF THE PARABOLIC TRAJECTORY. Stillman Drake and James MacLachlan in *Scientific American*, Vol. 232, No. 3, pages 102—110; March 1975.

DO SIMILAR FIGURES ALWAYS HAVE THE SAME SHAPE? Paul G. Kumpel, Jr., in *Mathematics Teacher*, Vol. 68, No. 8, pages 626—628; December 1975.

Constructing the Parabola Without Calculus. Maxim Bruckheimer and Rina Hershkowitz in *Mathematics Teacher*, pages 658—662; November 1977.

第8章

Euclid's Paraliel Postulate: Its Nature, Validity, and Place in Geometrical Systems. John William Withers. Open Court, 1905.

Non-Euclidean Geometry. Robert Bonola. Open Court, 1912. Dover, 1955.

Non-Euclidean Geometry. Harold E. Wolfe. Henry Holt, 1945.

The Elements of Non - Euclidean Geometry. D.M.Y. Sommerville. Dover, 1958.

Non-Euclidean Geometry. Stefan Kulczycki. Macmillan, 1961.

The Origin of Euclid's Axioms. S.H. Gould in *Mathematical Gazette*, Vol. 46, pages 269—290; December 1962.

Introduction to Non-Euclidean Geometry. Wesley W. Maiers in *Mathematics Teacher*, pages 459—461; November 1964.

Regular Compound Tessellations of the Hyperbolic Plane. H. S. M. Coxeter in *Proceedings of the Royal Society*, A, Vol. 278, pages 147—167; 1964.

Non-Euclidean Geometry, Fifth edition. H. S. M. Coxeter. University of Toronto Press, 1965.

The Non-Euclidean Symmetry of Escher's Picture 'Circle Limit III.' H. S. M. Coxeter in *Leonardo*, Vol. 12, pages 19—25; 1979.

Non-Euclidean Geometry. Dan Pedoe in *New Scientist*, No. 219, pages 206—207; January 26, 1981.

EUCLID'S FIFTH POSTULATE. Underwood Dudley in *Mathematical Cranks*, pages 137—158. Mathematical Association of America, 1992.

SOME GEOMETRICAL ASPECTS OF A MAXIMAL THREE-COLOURED TRIANGLE-FREE GRAPH. J.F. Rigby in *Journal of Combinatorial Theory*, Series B, Vol. 34, pages 313—322; June 1983.

THE WONDERLAND OF POINCARIA. Simon Gindikin in *Quantum*, pages 21—28; November/December 1992.

EUCLIDEAN AND NON-EUCLIDEAN GEOMETRIES: DEVELOPMENT AND HISTORY, Third edition. Marvin Jay Greenberg. Freeman, 1994.

第9章

THEORY OF VOTING. Robin Farquharson. Yale University Press, 1969.

THE PRESIDENTIAL ELECTION GAME. Steven J. Brams. Yale University Press, 1978.

APPROVAL VOTING: A 'BEST BUY' METHOD FOR MULTI-CANDIDATE ELECTIONS. Samuel Merrill in *Mathematics Magazine*, Vol. 52, pages 98—102; March 1979.

APPROVAL VOTING: A PRACTICAL REFORM FOR MULTICANDIDATE ELECTIONS. Steven J. Brarns in *National Civic Review*, Vol. 68, pages 549—553,560; November 1979.

ONE CANDIDATE, ONE VOTE: WILL APPROVAL VOTING REVOLUTIONIZE 20TH-CENTURY ELECTIONS? Steven J. Brams, in *Archway*, pages 11—14; Winter 1981.

第11章

STEINER MINIMAL TREES. E. N. Gilbert and H. O. Pollok in *SIAM Journal of Applied Mathematics*, Vol. 16, No. 1, pages 1—29; January 1968.

STEINER TREES FOR THE REGULAR SIMPLEXES. Fan Chung and E.N. Gilbert in *Bulletin of the Institute of Mathematics Academy Sinica*, Vol. 4, pages 313—325; 1976.

ON STEINER MINIMAL TREES WITH RECTILINEAR DISTANCE. F. H. Hwang in *SIAM Journal of Applied Mathematics*, Vol. 30, pages 104—114; 1976.

THE COMPLEXITY OF COMPUTING STEINER MINIMAL TREES. M. R. Garey, R. L. Graham, and D. S. Johnson in *SIAM Journal of Applied Mathematics*, Vol. 32, pages 835—859; 1977.

STEINER TREES FOR LADDERS. Fan Rong K. Chung and R. L. Graham in *Annals of Discrete Mathematics*, Vol. 2, pages 173—200; 1978.

SMART SOAP BUBBLES CAN DO CALCULUS. Dale T. Hoffman in *The Mathematics Teacher*, Vol. 72, No. 5, pages 377—385,389; May 1979.

A NEW BOUND FOR EUCLIDEAN STEINER MINIMAL TREES. Fan Chung and Ronald Graham in *Annals of the New York Academy of Sciences*, Vol. 440, pages 328—346; 1985.

THE SHORTEST-NETWORK PROBLEM. Marshall Bern and Ronald Graham in *Scientific American*, Vol. 260, pages 84—89; 1989.

STEINER TREES ON A CHECKERBOARD. Fan Chung, Martin Gardner, and Ron Graham, in *Mathematics Magazine*, Vol. 62, pages 83—96; April 1989.

STEINER MINIMAL TREES ON CHINESE CHECKERBOARDS. F. K. Hwang and D. Z. Du in *Mathematics Magazine*, Vol. 64, pages 332—339; December 1991.

THE STEINER TREE PROBLEM. F. K. Hwang, D. S. Richards, and P. Winter in *Annals of Discrete Mathematics*, Vol. 53, Amsterdam, 1992.

OPTIMAL STEINER POINTS. Regina B. Cohen, in *Mathematics Magazine*, Vol. 65, pages 323—329; December 1992.

A PROOF OF THE GILBERT-POLLOK CONJECTURE ON THE STEINER RATIO. D.Z. Du and F.K. Hwang in *Algorithmica*, Vol. 7, pages 121—135; 1992.

MINIMAL STEINER TREES FOR THREE-DIMENSIONAL NETWORKS. R. Bridges in *The Mathematical Gazette*, Vol. 78, pages 157—162; July 1994.

FULL MINIMAL STEINER TREES ON LATTICE SETS. M. Brazil, J.H. Rubinstein, J. F. Weng, N. C. Wormald, and D. A. Thomas. *Research Report* 14, Department of Electrical Engineering, University of Melbourne, Australia, pages 1—40; 1995.

MINIMAL STEINER TREES FOR RECTANGULAR ARRAYS OF LATTICE POINTS. M. Brazil, J. H. Rubinstein, D. A. Thomas, J. F. Weng, and N. C. Wormald, *Research Report* 24, University of Melbourne, Australia, pages 1—28; 1995.

MINIMAL STEINER TREES FOR $2^k \times 2^k$ SQUARE LATTICES. M. Brazil, T. Cole, J. H. Rubinstein, D. A. Thomas, J. F. Weng, and N. C. Wormald, in *Journal of Combinatorial Theory*, Series A, Vol. 73, pages 91—109; January 1996.

第 12 章

INFINITE FAMILIES OF NONTRIVIAL TRIVALENT GRAPHS WHICH ARE NOT TAIT

COLORABLE. Rufus Isaacs in *American Mathematical Monthly*, 82, pages 630—633, March 1975.

LOUPEKINE'S SNARKS: A BIFAMILY OF NON-TAIT-COLORABLE GRAPHS. Rufus Isaacs, Technical Report 263. Department of Mathematical Sciences, Johns Hopkins University, November 1976.

THE CONSTRUCTION OF SNARKS. U. A. Celmins and E. R. Swart. Research Report CORR 79—18. University of Waterloo, Canada, 1979.

SNARKS AND SUPERSNARKS. Amanda G. Chetwynd and Robin J. Wilson in *The Theory and Application of Graphs*. Wiley, pages 215—224, 1981.

ON THE CONSTRUCTION OF SNARKS. John J. Watson in *Ars Combinatoria*, 16-B, pages 111—123, 1983.

DECOMPOSITION OF SNARKS. Peter J. Cameron, Amanda G. Chetwynd, and John J. Watkins in *Journal of Graph Theory*, 11, pages 13—14, Spring 1987.

SNARKS. John J. Watkins in *Annals of the New York Academy of Sciences*, 576, pages 606—622, 1989.

A SURVEY OF SNARKS. John J. Watkins and Robin J. Wilson in *Graph Theory, Combinatorics, and Applications*, Vol. 2. Wiley, pages 1129—1144, 1991.

DECOMPOSITION AND REDUCTIONS OF SNARKS. Roman Nedela and Martin Skoviera in *Journal of Graph Theory*, 22, pages 253—279, 1996.

A CYCLICALLY CONNECTED 6-EDGE CONNECTED SNARKS OF ORDER 118. Martin Kochol in *Discrete Mathematics*, 161, pages 297—300, 1996.

责任编辑　李　凌

封面设计　戚亮轩

马丁·加德纳数学游戏全集

跳棋游戏与非欧几何

［美］马丁·加德纳　著

谈祥柏　谈　欣　译

上海科技教育出版社有限公司出版发行

（上海市柳州路218号　邮政编码200235）

www.sste.com　　www.ewen.co

各地新华书店经销　常熟华顺印刷有限公司印刷

ISBN 978-7-5428-7244-9/O·1111

图字09-2013-854号

开本720×1000　1/16　印张13.5

2020年7月第1版　2020年7月第1次印刷

定价:45.00元